BASICS

DESIGN METHODS

건축 디자인 방법의 기초

BASICS

DESIGN METHODS

건축 디자인 방법의 기초

Kari Jormakka 저

김도년 · 김지엽 · 손세형 · 이중원 · 정동섭 공역

차례 CONTENTS

머리말

디자인은 서로 다른 것들로 이뤄진 일련의 과정이다. 접근방법, 전략 그리고 방법론들은 기술적, 경제적 상황뿐 아니라 디자이너만의 경험과 사회 문화적 배경에 의해 주로 영향을 받는다. 한편으로는, 디자인에서 개별적이고 독창적인 힘(작품)을 이끌어 낼 수도 있지만, 또 다른 한편으로는 갖가지 기본적 방식과 과정으로 구성된 방법론적인 원리에 기초를 두고 있다.

디자인 과정의 초기 영감과 자극이 되는 것에 대해 주로 다루었던 Basics Design Idea의 논리를 근거로 이 책에서는 적용 가능한 규칙은 있으나 직관에 근거하지 않은 디자인 방법에 관한 이야기를 하고 있다. 저자의 목적은 독자들에게 방법의 범위를 알려주고, 잘 알려진 개념과 건축가들에 대해 상세히 고찰해 볼 수 있도록 동기부여를 하는 것이다. 이 책은 기하학적, 자연 환경적, 음악과 수학적, 무의식적이고 이성론적, 그리고 생산적 과정의 측면에서 디자인 접근방식을 설명한다. 이러한 방법들을 설명하기 위해 잘 알려진 건물들이 여러 가지 사례로 쓰였다. 이를테면 건축가가 디자인 과정에서 어떻게 구체적인 해법을 이끌어 내왔는지 알아보기 위해 건물들의 평면, 단면 등 도면이 분석되었다. 이 책의 이론적 개념은 대체로 건축사에 근거를 두고 있고, 그것은 다른 Basics 시리즈의 개념으로부터 도출된 까닭에, 책 전반에 걸친 공통된 줄거리를 엮기 위한 이 시리즈의 독특한 문체가 읽히지는 않는다.

건축연구 구성에 적합하게 하기 위해, 이 책은 수준 높은 건축학도들, 디자인 방법에 대해 더 심도 있게 공부하고픈 졸업생들을 책의 주 독자로 삼고 있다. 이 책의 목표는 모든 사람에게 디자인 방법을 알리는 것이 목표가 아니라 특정한 요구가 바탕이 된 디자인 과제를 해결하는데 필요한 일련의 실용적 디자인 도구를 제공하려는 것이다.

베르트 비엘레펠드, 편집자

0. 서론

대부분의 시인들은 그들이 가진 황홀한 직관을 통해 시를 짓는 척 한다. 에드거 앨런 포(Edgar Allan Poe)는 1846년, '창작의 철리(The Philosophy of Composition)' 에 관한 그의 에세이에서 시인들은 대중들이 무대 뒤에서 작품을 은근슬쩍 엿보는 것을 몸서리치게 싫어한다며 주장했다. 그는 창작 행위를 애매하게 만드는 대신, 솔직하게 그가 어떻게 그의 가장 유명한 시 갈 까마귀(The Raven)를 지었는지 밝혔다. 그의 세부적인 설명에 따르면, 은밀하고 로맨틱한 시에서는 어떠한 것도 우연이나 직관과 연관되는 것이 아니라, 정확하고 완전한 수학적 근거의 결과를 통해 단계적으로 완성된다고 했다.

포의 작문 방법은 후대에까지도 많은 작가, 작곡가, 예술가, 그리고 건축가에게 많은 영감을 주고 있다. 그러나 어째서 누구라도 건축디자인을 이끌어내려면 특정한 구체적인 방법을 따라야 하는 것일까? 어떤 건축가는 오늘날 건축디자인의 문제가 너무 복잡해서 육안으로 판단한 직관이나 전통적인 지혜, 교훈만 가지고 해결할 수 없기 때문에 그러한 방법이 필요하다고 주장한다. 또 다른 건축가들은 논리적인 방법이 그들로 하여금 객관적인 올바른 결정을 내릴 수 있도록 도울 것이라고 기대한다. 또다른 부류의 건축가들은 건축가의 개성에 대한 일종의 방종을 통한 퇴보, 즉 유명한 사례의 몰상식한 모방 같은 일 때문에 건축이 도덕적으로 악화되는 것을 막기 위해서 엄격한 방법을 권장한다. 몇몇 진보적인 방법들 중 하나로, 특정한 결정들이 우연에 의해 정해지도록 놔두게 되면 건축가의 역할이 줄어드는 방법이 있으며, 반면 다른 전위적인 방법에서는 실제 디자인 과정에 있는 미래의 사용자를 개입시키기도 한다.

이 책은 각각의 방법의 장단점을 찾기 위해 건축 디자인의 다양한 방법들을 수많은 예를 들어가며 고찰하고 있다. 방법 중의 대부분은 최근 몇 십 년 동안 발전해왔지만, 나머지 방법들은 건축가가 지닌 도구상자의 일부분이 되어 몇 백 년 동안 존재해왔다. 비록 많은 이론가들이 전 세계의 모든 건축물에 적용할 수 있는 보편적 방법을 제시했었다고 말하고 있지만, 어떤 한 특정한 방법이 모든 일에 적합한 단 한 가지 방법이라고 얘기 할 수 없다는 주장에 타당한 근거가 있다. 그래서 특별한 과제에의 도전에 가장 적합한 한 가지 방법을 선택하는 것이 중요하다. 몇 가지 방법에 대해 익숙해 있으면 디자이너는 최상의 유연함을 제공받는다. 하지만 그것은 건축적 문제를 자동으로 풀어주는 기계가 아니다. 방법이라는 것은, 디자인 과제를 풀어나가기 위한 실질적인 작업에 초점을 맞춘다.

1. 권위로서의 자연과 기하학

1.1 생물형상 건축

디자인 방법의 연구는 원래 그 시대의 형태와 관련이 있었다. 근대주의자들은 프로그램에 있어서 과거의 건축물의 형태가 더 이상 당시의 시대정신과 일치하지 않는다고 주장했다. 오래된 스타일은 부도덕적이며 시대에 뒤떨어진, 건축가의 독창성을 방해하는 장애물로 전락했고, 보수적이고 부정직한 메시지를 전달하며, 새로운 사회가 요구하는 과업과 당시 과학기술적 여건을 충족시키지 못했다.

건축가이며, 이론가인 클로드 브랙든(Claude Bragdon)이 1915년에 언급한 바에 따르면, 현대적인 성향을 보이는 건축가들은 타고난 천재성, 자연, 기하학이라는 세 가지 새로운 건축 용어에 대한 근거를 확립하고 있다고 했다. 천재성에의 의존은 바르셀로나에 있는 안토니 가우디(Antoni Gaudi)의 카사 밀라(Casa Mila, 1907)와 뮌헨에 있는 아우구스트 엔델(August Endell)의 엘비라의 아뜰리에(Atelier Elvira, 1897)를 예로 들어 설명할 수 있다. 〉그림 1, 2 참고

그러나 많은 건축가들은 그러한 설명이 다분히 주관적이고 공상적이어서 그 당시의 권위를 대신할 수 없다고 생각했다. 건축가들은 건축적 근거를 각 디자이너의 개별적인 충동적 행위보다는 더 보편적인 기초에, 급변하는 유행보다는 더 영원불변할 기초에, 그리고 지역 관습보다는 더 일반적인 기초에 근거를 두기를 원했다. 자연에 대한 연구는 역사적으로나 정치적으로 벌어질만한 사안들과는 다르게, 다른 사회들에서도 이해되고 통용될 수 있는 모델을 제시한다. 반면에 기하학은 훨씬 더 영원불변할, 즉 사고에 대한 질서와 법칙의 근간이 되는 대상에 대

그림 1:
안토니 가우디(Antoni Goudi), 카사 밀라의 지붕 풍경, 바르셀로나

그림 2:
아우구스트 엔델(August Endell), 엘비라의 아뜰리에의 파사드, 뮌헨

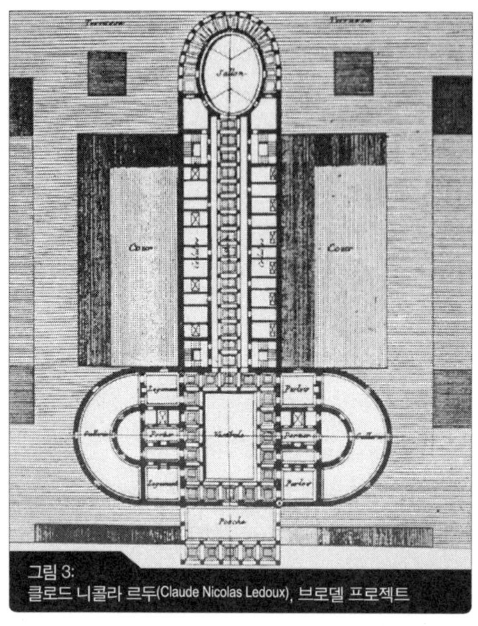
그림 3:
클로드 니콜라 르두(Claude Nicolas Ledoux), 브로델 프로젝트

한 접근이 용이하다. 그리하여 역사적 선례를 모방하지 않으려는 건축가들의 시도에서, 초기 근대 건축가들은 종종 자연에 근거한 모델, 혹은 건물의 새로운 형태를 찾기 위한 일반적인 과학적 접근 방식으로 눈을 돌렸다.

역사상 많은 건물들의 외관이나 장식 등은 식물이나 동물의 형태로부터 따온 것이다. 종래의 코린트 양식의 기둥머리는 아칸소스 잎의 특징을 본 따 만든 것이고, 부크라니움 장식은 황소의 두개골 형태를 하고 있다. 18세기 말, 건물의 외관이 의미하는 대상을 다소 직접적으로 언급한 이른바 "말하는 건축(speaking architecture)"이라는, '*건축구성(l'architecture parlante)*' 을 주장했던 몇몇 건축가들은 이러한 생각을 극단적으로 몰고 갔다. 장 자크 르퀘(Jean-Jacques Lequeu)는 소의 형태를 한 착유장 건물을 설계했고, 클로드 니콜라 르두(Claude Nicolas Ledoux)는 남근모양을 한 유흥가의 충계 설계를 했다. 〉그림 3 참고

이러한 상징적인 기호를 사용하는 것은 시간과 장소에 관계없이 그 건축물이 가지고 있는 기능이 더 잘 이해되도록 건축의 자연적 언어를 만들려는 의도이다. 하지만 "말하는 건축(speaking architecture)"을 통한 보다 더 진보적인 디자인은 단 한 번도 설계되지 않았다.

그럼에도 불구하고, 19세기 말 유기체론이 다시 등장했다. 예를 들어, (에

그림 4:
헨드릭 페트루스 베를라헤, 해파리 모양을 한 전등

그림 5:
엑토르 기마르, 파리 지하철 입구

른스트 헤켈(Ernst Haeckel)의 '*자연의 미적형태(Kunstformen der natur)*' 에 묘사 된 것에 따르면) 1905년경 베를라헤(H.P. Berlage)는 해파리의 형태를 한 샹들리에를 디자인하였다. 그리고 비슷한 시기에, 엑토르 기마르(Hector Guimard)는 그의 파리 지하철 입구 디자인에서 꽃과 곤충의 모양을 모방하기도 했다. 〉그림 4, 5 참고

인지학자 루돌프 슈타이너(Rudolf Steiner)는 스위스 도나하의 그가 살던 지역 자치구 보일러 하우스(1915) 디자인에, 식물의 잎과 음경의 형태를 병합시켜, 은유적인 혼합을 반영했다. 그 당시 또 다른 표현주의 건축가 헤르만 핀스터린(Hermann Finsterlin)은 1920년대 초, 비록 지어지진 않았지만 특유하고 기이한 그의 디자인에서 해파리, 근육 그리고 아메바의 형태를 다양하게 재연했다. 〉그림 6, 7 참고

심지어 이후 건축가들은 때때로 한 눈에 봐도 식물, 동물의 모습을 알아차릴 수 있는 형태로 회귀하기도 했다. 이러한 특징을 보여주는 한 가지 사례는 에로 사리넨(Eero Saarinen)이 디자인한 뉴욕 JFK 국제공항의 TWA 터미널(1956-62)이다. 비행기로 통하는 입구의 기능을 나타내기 위해, 공항의 형태는 막 비상하려는 새의 모양을 하고 있다.

자연계에서 얻은 그러한 직접적인 차용은 비난을 받기도 했다. 형태를 모방하는 대신, 많은 건축가들은 자연을 모방할 때 더 추상적 표현을 사용하기 시작했

그림 6:
루돌프 슈타이너, 보일러 하우스, 도나하

그림 7:
에로 사리넨, TWA 터미널, 뉴욕

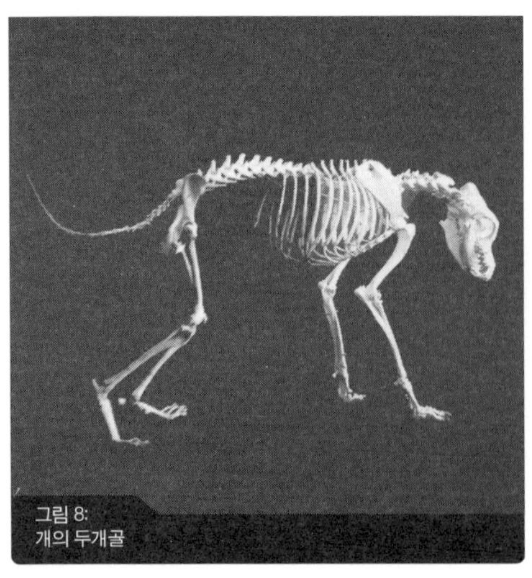
그림 8:
개의 두개골

그림 9:
산티아고 칼라트라바, 개의 두개골에서 영감을 얻어 만든 구조물

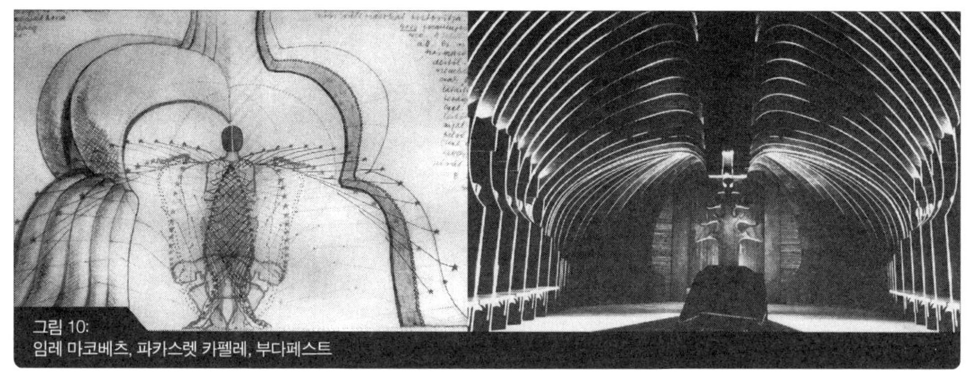
그림 10:
임레 마코베츠, 파카스렛 카펠레, 부다페스트

다. 로마 건축가 비트루비우스가 지은 현존하는 가장 오래된 건축논문인 '*건축십서 (Ten Books on Architecture, c. 46-30 BC)*' 에서 이미 그는 인체의 어느 특정 부분의 형태를 모방할 것이 아니라, 건축물에 인체의 비율을 적용시키자고 주장했다. 그 후, 건축가들은 최적의 구조를 가진 형태를 개발하기 위해 유기론에 대해 연구했다. 예를 들어, 산티아고 칼라트라바(Santiago Calatrava)가 뉴욕에 있는 세인트 존 대성당(Cathedral Church of St. John) 확장 공사를 맡았을 때, 그는 개의 두개골에서 영감을 받았다. 그의 최종 디자인은 근본적으로 다른 두 가지 생각에 대한 통합으로서, 하나는 유기적 형태의 출현, 그리고 또 하나는 구조적 작업이다. 〉그림 8 참고

임레 마코베츠(Imre Makovecz)가 디자인한 헝가리 파카스렛(Farkasret)에 있는 영안실(1975)은 자연의 유기적 형태가 건축적 감성을 지어내는 데에 어떻게 적용될 수 있는가에 대한 또 다른 방법을 보여주고 있다. 유기적으로 통합된 지붕 구조는 팔을 흔들고 있는 마코베츠 자신의 몸통에서 따온 것이다. 여기에서 사진 기술은, 합리적인 구조를 만들기 충분한 추상적인 이미지를 제시하는 한편 신체의 복잡한 기하학을 잃어버리지 않고 계속 유지할 수 있게 해준다. 〉그림 9, 10 참고

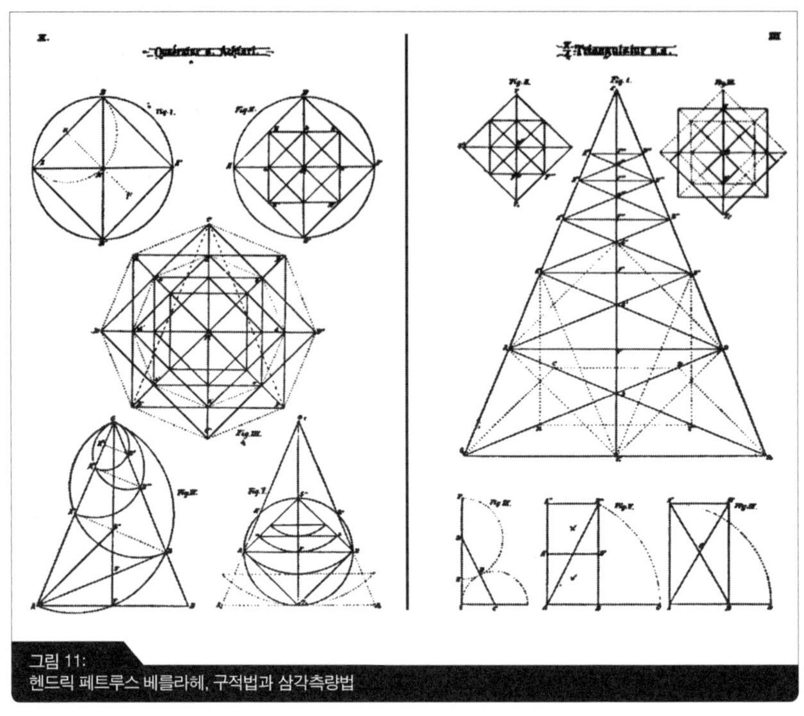

그림 11:
헨드릭 페트루스 베를라헤, 구적법과 삼각측량법

1.2 구적법과 삼각측량법

건축적 관례의 덫으로부터 벗어나고자, 과학적인 모델 그리고 수학적인 절차와 관련을 맺고 있는 또 다른 시도가 있다. 예를 들어 베를라헤는 그의 원숙한 후기 작품에서, 유기적 모델 보다는 형태의 정밀성을 높이기 위한 비례 체계와 기하학적 그리드 체계를 이용한 작업을 자주 했었다. 그의 저서에서, 그는 "구적법(quadrature)"과 "삼각측량법(triangulation)"이 사용된 것으로 알려진 고딕 건축에 대해 이 두 가지 방법을 이야기 했다. 〉그림 11, 12 참고

일반적인 구적법은 평면도형을 여러 조각으로 나누어서 도형의 면적을 정하는 수학적 방법이다. 그러나 건축에서 말하는 구적법은 원래 있던 정사각형의 면적을 더하거나 빼는 특정한 방법을 말한다. 예를 들어, 만약 우리가 정사각형 하나를 가지고 있다면, 4개의 각 변의 중간 지점을 45°가 되게 서로 연결함으로써 가지고 있던 정사각형에서 절반 크기의 새로운 정사각형을 쉽게 그릴 수 있다. 삼각측량법은 대게 등변삼각형을 기준으로 한 유사한 방법 중 하나이다.

초기 근대주의자들이 구적법과 삼각측량법에 강한 흥미를 가졌던 한 가지

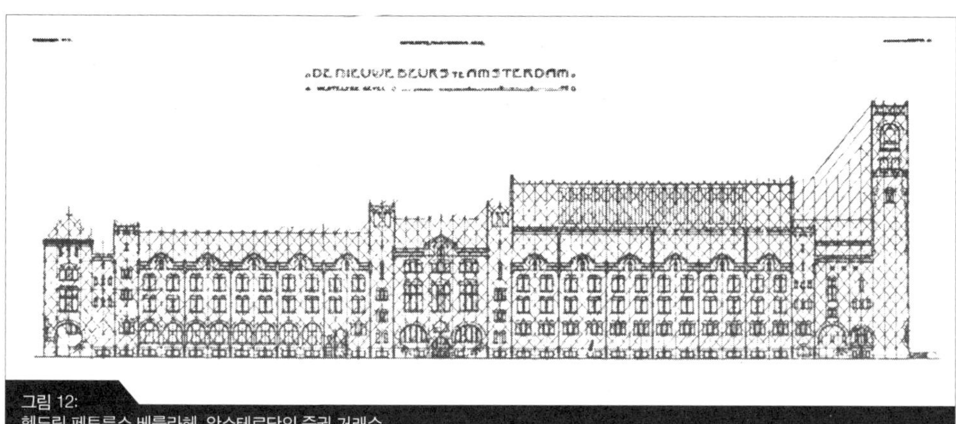

그림 12:
헨드릭 페트루스 베를라헤, 암스테르담의 증권 거래소

이유는 이러한 디자인 방법들이 중세시대 신화인 "석공의 비밀" 의 일부이기 때문이다. 이 기술들은 실용적이란 이유로 고딕건축에서 주로 사용되었다. 각 지역을 옮겨 다니는 석공들은 일반적으로 통용되는 측량수단이 없었기 때문에, 눈금이 그려진 도구들(자, 저울, 눈금자)을 사용할 수 없었다. 게다가 피트단위의 크기는 나라마다 혹은 심지어 지역마다 달랐다. 대신에, 그들은 기준자도 없이 치수 없는 스케치만으로 건물의 측량을 얻기 위한 도구로써 기하학을 사용했다. 비록 구적법과 삼각측량법의 사용은 편의의 문제였으나, 비율에 있어 일관되고 조화로우며 매우 복합적인 건축을 가능하게 되었다.

근대건축의 선구자인 루이스 설리번(Louis Sullivan)은 그가 사용한 기하학적 방법에 대해 1924년 그의 책 '*건축 장식 시스템 (A System of Architecture Ornament)*' 에서 설명했다. 그는 대각선과 직교하는 축을 이용해 정사각형을 만들어 나가면서, 결국 점차 섬세한 꽃 모양을 얻게 되는 구적법, 그리고 다른 기하학적 운용을 적용하였다. 설리번은 남성지배적 원리인 기하학적 양식에서 유기적 형태와 여성적 원리가 나타나는 것을 인지했다고 주장했다. 초월주의적 사고, 즉 삶은 반대세력에 의해 자라나며 우주가 이원주의 근거에 기초하고 있다는 생각는 설리번의 장식적 디자인에 대한 개념을 형성했다. 〉그림 13 참고

그 뒤 근대주의자들은 그러한 상징적 해석을 못마땅해 하였으나, 종종 기하학에 계속 의존하기도 했다. 한때 설리번의 조수로 일한 경험이 있는 프랭크 로이드 라이트(Frank Lloyd Wright) 역시 심지어 정사각형 도표를 그의 사무실 로고로 사용했다. 그러나 초월주의 상징화 대신에, 라이트는 그가 생각한 유로피안 건축의 과도한 영향력으로부터 벗어나, 미국적 스타일이 담긴 독특한 그 무언가를 창조하기

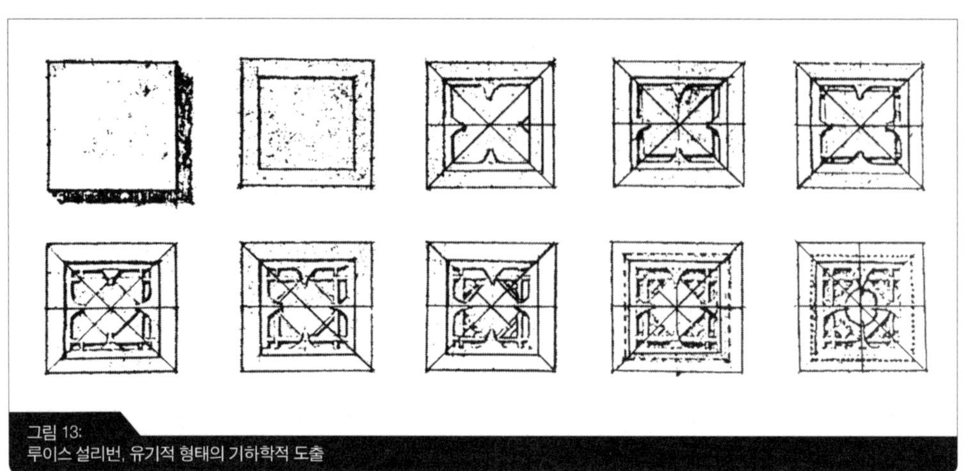
그림 13:
루이스 설리번, 유기적 형태의 기하학적 도출

그림 14:
프랭크 로이드 라이트, 오크파크의 유니티 템플, 시카고

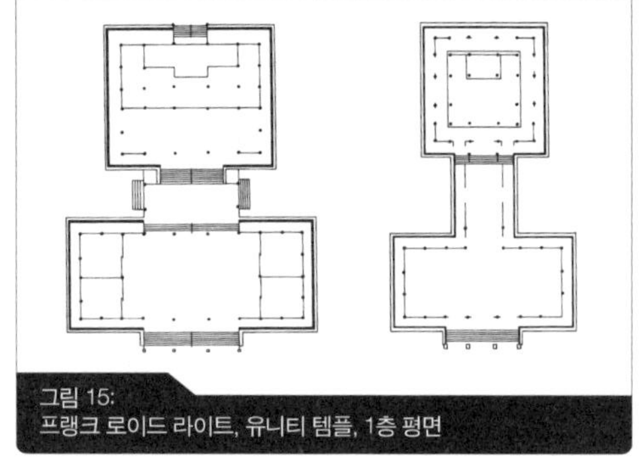
그림 15:
프랭크 로이드 라이트, 유니티 템플, 1층 평면

위한 도구로써 기하학을 사용했다. 그의 초기 걸작인 시카고 오크파크(Oak Park)의 유니티 템플(Unity Temple, 1906-08)은 좋은 예가 될 수 있다. 〉그림 14, 15 참고

역사학자들은 보통 라이트 초기의 건물과 그 건물의 모델로 사용되었을 법한 다른 건물들을 확인해봄으로써 그의 디자인을 설명한다. 예를 들어, 몇몇 역사가들은 1904년 미국 세인트루이스에서 열린 세계 박람회에 독일의 페터 베렌스(Peter Behrens)가 디자인한 전시장의 큐빅 스타일을 라이트가 모방했다고 주장했다. 다른 역사가들은 라이트가 닛코 다이유인뵤(Nikko Taiyu-in-byo, 大猷院廟) 같은 신사에서 찾아 볼 수 있는 일본 고겐 스타일 형식의 절의 평면유형을 적용한 것이라고 했다. 주요한 라이트의 교회와 이러한 비기독교적 사원은 두 가지 요소로 구성되어 있는데, 하나는 대부분의 평면에서 나타나는 정사각형이고 다른 하나는 보조적 요소

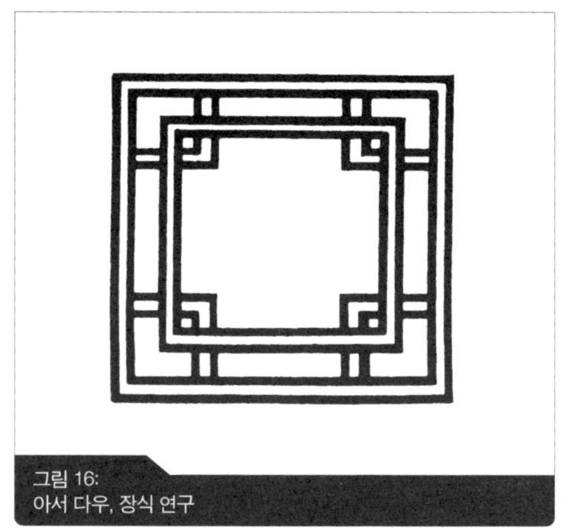
그림 16:
아서 다우, 장식 연구

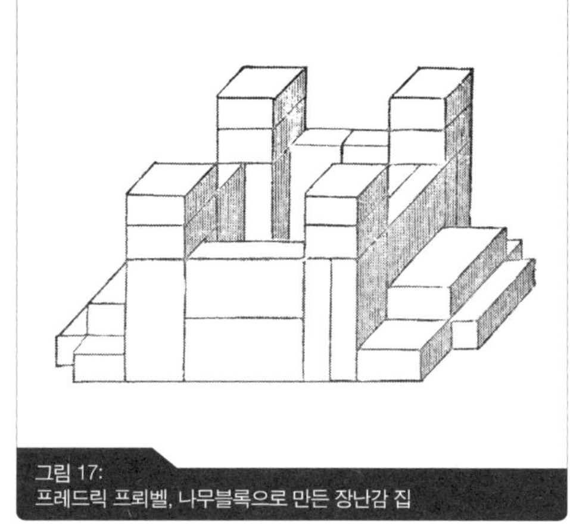
그림 17:
프레드릭 프뢰벨, 나무블록으로 만든 장난감 집

로서 연결된 긴 직사각형이다. 〉그림 16 참고

다른 비평가들은 그 디자인이 화가 아서 다우(Arthur Dow)에 의해 표현된, 일본 예술의 조형원리에서 유래된 것이라고 주장한다. 그러나 라이트는 유니티 템플이 그가 어린 시절 가지고 놀던 프뢰벨 사의 장난감 블록에서 영감을 받은 것 이라고 주장했다. 〉그림 17 참고

이러한 모든 아이디어는 어느 정도 타당하고 근거 있는 것이긴 하지만 단지 디자인의 일부 측면들에만 설명된다. 건물의 기하학적 분석은 이럴 때 유용하다.

1928년, 라이트는 7피트의 모듈을 가진 단순한 그리드를 사용하여 디자인한 사원과 그 주변에 인접한 유니티 하우스(Unity House)를 설명한 다이어그램을 출간, 발표하였다. 창문과 천창의 위치와 다른 세부적인 것들의 위치는 완벽하게 이 그리드와 일치하지만 주요 볼륨을 이 그리드에 일치시키는 것은 어려운 것이다. 볼륨을 알기 위해서 신사 중앙에 위치한 성단소를 4개의 사분면으로 나누는 것을 기초로 하여, 전체 볼륨의 일부분을 다른 모듈의 그리드로 재구성해야만 한다. 〉그림 19 참고

따라서 신사 창문의 벽은 그러한 16개의 유닛을 가진 정사각형을 결정한다. 만약 벽난로의 벽을 포함하여 본다면 연결 다리는 중앙의 회의실과 같이 두 개의 유닛만큼 길어진다. 벽난로 벽 뒤에 있는 재봉실은 0.5유닛이 된다(a). 사실 회의실은 성단소와 같은 원래의 정사각형에 정확히 기초를 두고 있지만, 이런 경우에 기둥과 벽은 모듈 선 안에 위치하게 된다. 〉그림 19 참고

그러나 라이트는 종종 모듈 계획에 방해가 되는 부차적이며 경직된 외관의

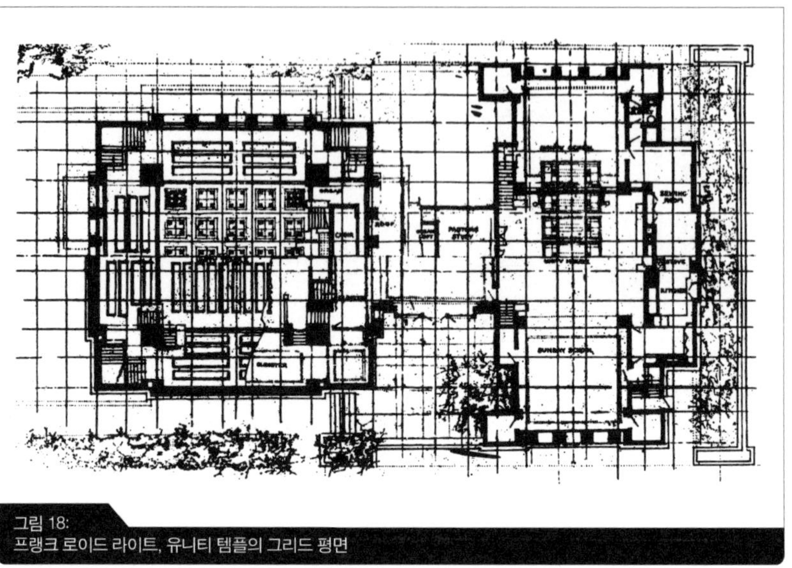

그림 18:
프랭크 로이드 라이트, 유니티 템플의 그리드 평면

형태를 피하기 위해, 구적법을 통해 얻어졌으나 그리드와 병행할 수 있는 치수를 삽입하기도 했다. 그래서 예를 들어 신사 내부 코너에 있는 기둥은 신사 중심부에서 대각선을 그어 그 선을 45° 기울임으로써 그 위치가 나올 수 있다(b). 또한 이와 유사하게 유니티 하우스의 측벽과 정면 벽은 두 개의 정사각형 치수와 일치하며 그 정사각형의 옆 변의 길이는 원래 정사각형의 대각선의 길이와 같다(c). 이와 같은 작업은 모든 스케일에 적용이 되었고, 심지어 장식 같은 작은 스케일에도 적용되었다(d). 서로 다르게 조직된 원리의 공존은, 디자인이 무원칙적이거나 근거 없어 보이지 않게 하고 디자인에 특별한 긴장감을 준다. 〉그림 18, 19 참고

훨씬 더 간단한 기하학의 적용으로 이탈리아 볼로냐(Bologna) 근교 리올라(Riola)의 작은 교구 교회의 파사드가 있다. 이는 성 삼위일체를 상징하는 것이었는데, 알바 알토(Alvar Aalto)가 삼각측량법을 적용시킨 것이었다. 리올라 교회의 파사드는 컴퍼스와 30-60-90° 삼각자를 이용해서 쉽게 만들어낼 수 있다. ABC는 직삼각형이며, AC는 기준변 혹은 지표면이 되고 이는 AB와 60°의 각을 이루고, BC와는 30°의 각을 이루게 된다. C에 나침반을 두면, 교회 내부로 빛이 흘러 들어올 수 있는 고측창(클리어스토리)의 위치를 결정할 수 있다. 점 B로부터 직각으로 AC에 선을 그으면 그 선은 변 AC위의 점 D위를 가로질러 간다. 그래서 첫 번째 고측창(클리어스토리)의 위치를 결정 할 수 있다. 이러한 과정의 반복으로 각각 √3의 비율을 한 선을 총 4개(EF, GH, JK)를 만들어 낼 수 있다. 만약 선 GH가

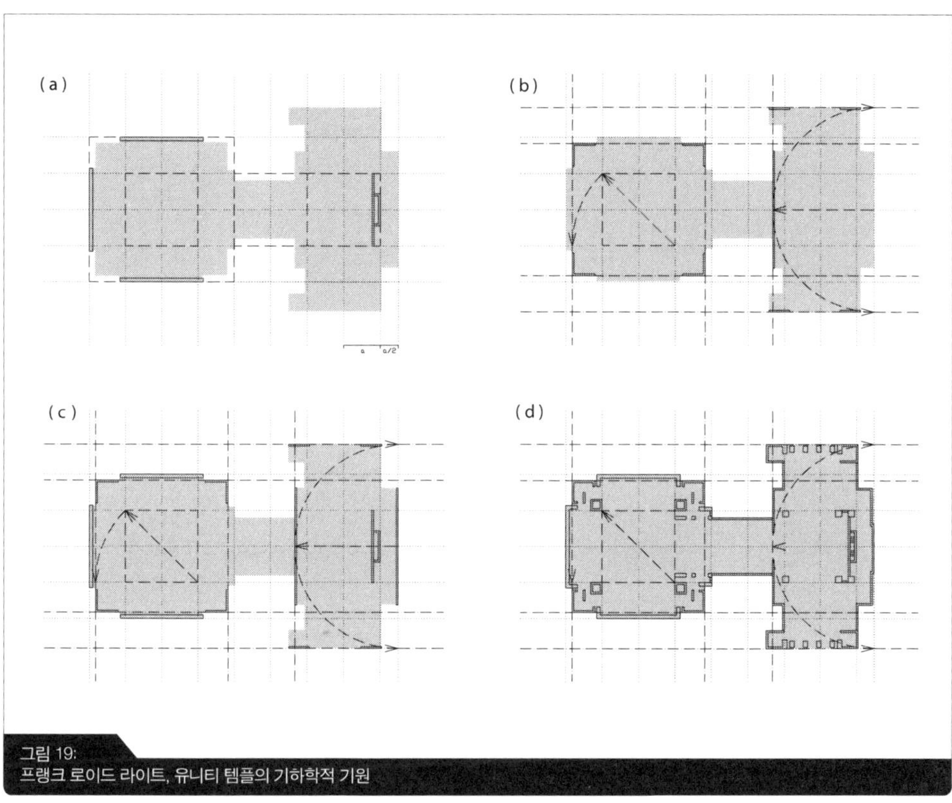

그림 19:
프랭크 로이드 라이트, 유니티 템플의 기하학적 기원

L을 향해 위로 연장 된다면, 선 CL은 기준변과 60° 의 각을 이루게 된다. L에서부터 기준변에 위치한 M이 있는 쪽을 향해 선을 그어 나가면 교회의 남쪽 벽면의 위치를 결정 할 수 있게 해주는 정삼각형을 완성할 수 있다. CB를 따라 이러한 과정을 두 번 더하여, 기하학적 과정을 계속 점차 확대해 나감으로써, 내부 콘크리트 아치의 각도가 결정될 수 있다. 게다가 U, V, X 그리고 Y에 컴퍼스를 두면, 볼트(둥근 아치천장)의 곡선 커브를 그릴 수 있다. 〉그림 20 참고

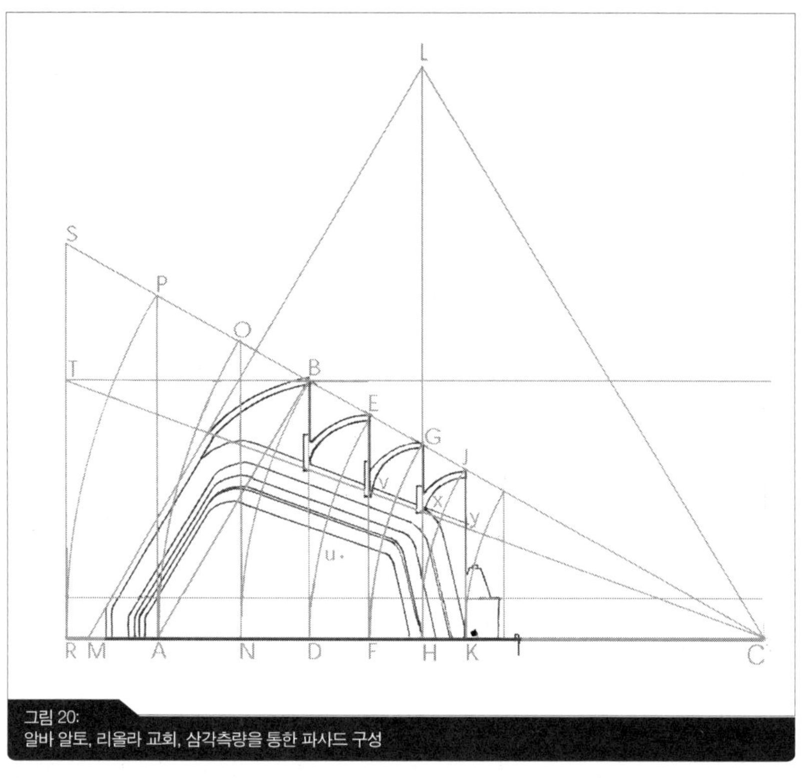

그림 20:
알바 알토, 리올라 교회, 삼각측량을 통한 파사드 구성

2. 모델로서 음악과 수학

2.1 음악적 분석

구적법과 삼각측량의 사용에서 유래한 고딕양식의 수학적 구조는 철학자로 하여금 건축을 '얼어있는 음악' 으로 표현하도록 영감을 주었다. 이러한 유사성은 많은 건축가들에게 음악과 소리를 공간이나 건축 구성으로 해석하는 것이 가능한 것인가 하는 의문을 불러 일으켰다.

소리를 볼 수 있는 형태로 만들어내는 방법 중 하나는 1787년 독일의 물리학자 에른스트 클라드니(Ernst Chladni)가 고안한 방법을 사용하는 것이었다. 그는 유리나 금속으로 된 판 위에 고운 모래를 퍼트려놓고, 판의 가장자리에 바이올린 활을 켜서 진동을 만들어냈다. 모래는 판의 진동이 가장 강한 부분에서 복잡한 패턴을 형성하는데 활의 위치와 속도, 판의 두께, 간격과 신축성에 따라 영향을 받았다. 클라드니의 실험에서 나타난 유사성을 통해 클로드 브랙든(Claude Bragdon)은, 건축이 그저 임시적인 소리 패턴을 구체적으로 구현하는 것이라고 생각했다. 〉그림 21, 22 참고

음악을 통해 건축을 만들어내는 또 다른 방법은 공간적 체계로 설명되는 숫자로 음색간격을 해석하는 것이다. 브랙든은 마방진(가로, 세로, 대각선, 수의 합이 모두 같은 숫자 배열표)이나 각 행과 열의 총합이 같아지는 매트릭스 같은 것들을 이용했다. 그는 이것을 숫자 순서대로 하나의 칸에서 다음 칸으로 이어서 우연하고 복잡한 형태로 나타나는 선을 만들어냈다. 〉그림 23 참고

독일 바이마르 바우하우스의 두 주요 건축가 칸딘스키(Wassily Kandinsky)와 폴 클레(Paul Klee)는 서로 다른 두 가지 시각으로 음악적 아이디어를 조정하는 방법을 발전시켰다. 1925년 칸딘스키는 자신의 점 · 선 · 면 이론에 따라 음악에서 사용되는 전통적인 표기법의 대안을 제시했다. 비록 음자리표가 나타나진 않았지만 그의 베토벤 '5번 교향곡'의 첫 절의 편곡은 전통적인 표기법과 유사하다. 또한 칸딘스키의 방법은 전통적인 표기법처럼 왼쪽에서 오른쪽으로 읽히며 음표의 음조(pitch)는 다른 음표들과 연계하여 높낮이를 결정하는 방법으로 반응하며, 음표사이의 수평거리는 음의 길이를 나타낸다. 점의 크기는 역동성을 나타낸다. 〉그림 24, 25 참고

이와는 대조적으로 1924년 클레의 '바흐의 G장조 바이올린과 하프시코드를 위한 소나타 중 아다지오 6번'의 해석은 훨씬 엄격하다. 전통적인 오선은 평행한 수평선의 통일된 그리드로 대체되었고, 음조는 그리드에서 높이에 대응하고 음의 길이는 길이에 대응하며, 역동성은 선의 변화되는 두께에 의해 표현된다.

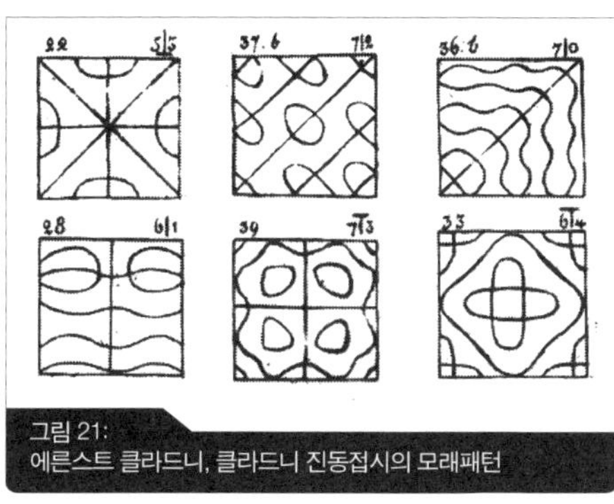
그림 21:
에른스트 클라드니, 클라드니 진동접시의 모래패턴

그림 22:
에른스트 클라드니, 클라드니의 진동접시

그림 23:
클로드 브랙든, 형태의 수적 생성

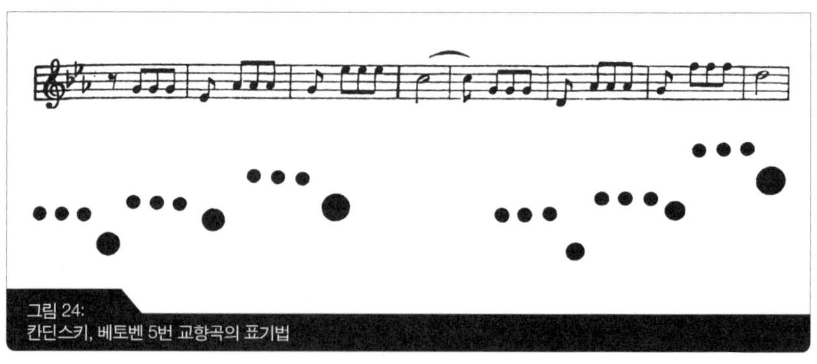

그림 24:
칸딘스키, 베토벤 5번 교향곡의 표기법

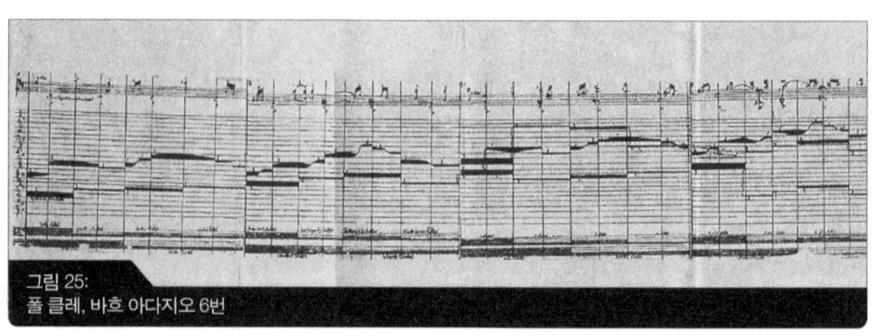

그림 25:
폴 클레, 바흐 아다지오 6번

1991년 건축가 스티븐 홀(Steven Holl)은 댈러스에 있는 스트레토 하우스(Stretto House)의 파사드를 디자인할 때 이 해석방법을 사용하였다. 그는 중력, 하중, 방향, 장력 및 비틀림에 따른 건축술의 규모와 재료의 표현이 음악 작곡에 있어서의 편곡과 같다고 주장했다. 홀은 스테레토 하우스를 1936년 작인 벨라 바르톡(Bela Bartok)의 현악을 위한 음악(Music for Strings), 퍼커션과 셀레스테(Percussion and Celeste)에 대응시켰는데, 이곡들은 타악기와 셀레스테, 피아노, 하프, 실로폰이 무대의 중앙에 위치하고 현악4중주와 더블베이스가 양쪽에 있는 오케스트라의 공간적 구성뿐만 아니라, 엄격한 대칭구조를 지닌 푸가(fugue)에서 주목할 만한 것이었다. 이러한 "무거움"과 "가벼움"에 따른 악기의 공간분할과도 유사하게, 홀은 휘어진 경량 지붕요소를 통해 네 개의 무거운 콘크리트 블록을 대조시켰다. 〉그림 26 참고

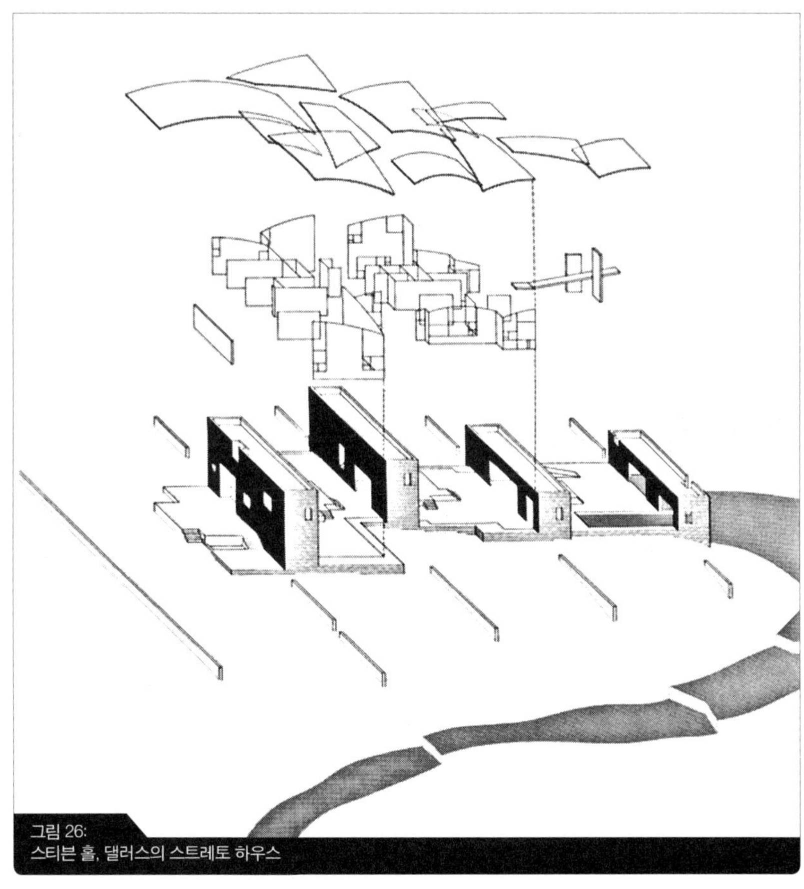

그림 26:
스티븐 홀, 댈러스의 스트레토 하우스

그림 27:
바흐, 평균율 클라비어 곡집 제 1권, E마이너 푸가(BWV 859) #52-55

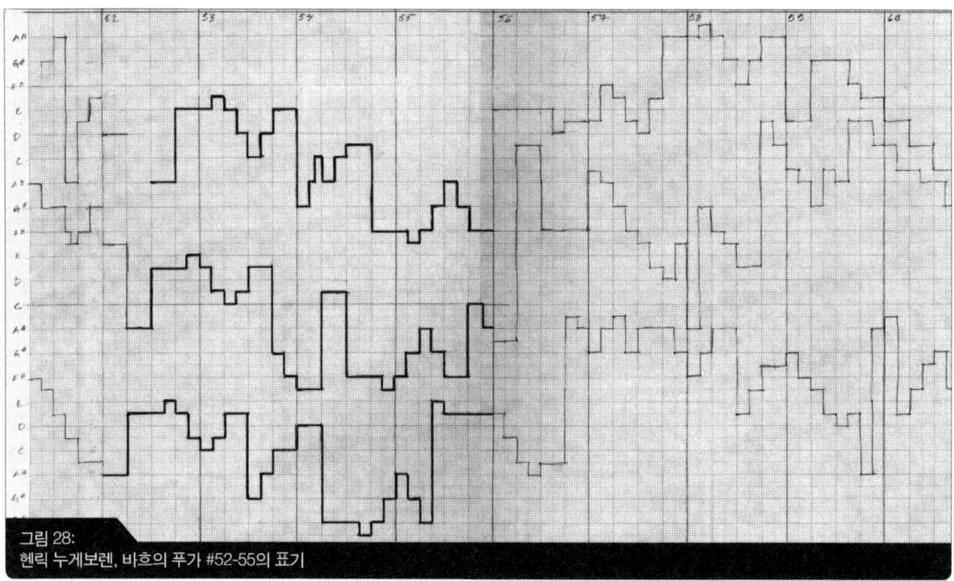
그림 28:
헨릭 누게보렌, 바흐의 푸가 #52-55의 표기

푸가(fugue) : 하나의 테마(주제)가 다른 파트(성부)에 규칙성을 가지고 계속해서 모방 반복되어 가며, 고도의 대립 기법으로 구성되는 복사율(複寫律)의 악곡을 가리킨다.

바흐 기념비는 1928년에 헨릭 누게보렌(Henrik Neugeboren)에 의해 설계되었는데 이 역시 클레의 방법을 따르지만 이보다 한 단계 더 진보한 것이다. 작업은 바흐의 평균율 클라비어 곡집(Well-tempered Clavier) E플랫 단조 중 푸가에서 작은 단일 마디(measures #52-55)의 3차원 표기라고 볼 수 있다. 누게보렌의 시스템에서 X축은 음의 길이, Y축은 음의 높이를 나타낸다. 전통적 표기법에서 각 음의 정확한 길이는 구체적인 상징에 의해 표현되기 때문에 종이 위 음표의 실제 위치는 중요하지 않다.

그림 29:
헨릭 누게보렌의 바흐를 위한 순간

반면 누게보렌의 버전에서 각 치수는 규칙적인 간격으로 동등한 넓이로 분할된다. 아마도 박자는 시간 분할의 폭을 정하게 될 것이다. 그러나 표준 표기법에서 가장 근본적인 출발점은 사실상 이미 Y축에서 포함된 정보를 중복하는 수직 Z축이다. 더 높은 음조를 나타내는 높이 대응 요소는 두 축을 따라 서게 된다. 누게보렌은 삼차원 모델의 접혀 있는 연속된 골판지를 통해 연속된 선으로서 각 음성을 표현한다. 직교하는 조각이 음악적 의미와는 달리 구조상의 필요에 의한 것인 반면, 단지 X축과 평행한 조각들만이 악보를 표현하고 있다. 〉그림 27, 28, 29 참고

홀과 누게보렌이 모두 음악 표기법에서 3차원 형태를 개발하는 동안, 많은 건축가들 역시 구조상 비유를 제시했다. 바흐의 푸가는 "응답"과 "부제" 라 불린 2~3개의 다른 음악적 대위법의 음성에 의해 모방되고 변화되는 테마 또는 생성되는 주제에 그 근거가 있다. 몇몇 바로크식 푸가에서는, 변화가 엄격히 통제된다. 변화는 유사 주제의 이항, 그것의 도치, 역행 버전, 또는 퇴행성 도치일 수 있다. 유사한 체계는 20세기에 아놀드 쇤베르크(Arnold Schonberg)와 안톤 베버른(Anton Webern)의 음표가 앞, 뒤, 아래, 아래, 뒤로 연주되는 12음조 작곡에 적용되었다. 피터 아이젠만의 초기 주거 디자인은, 요구되는 복합성을 취할 때까지 단계적으로 처음 형태를 변형시키는 작곡법의 절차만큼이나 엄격하게 규정된다.

대위법(counterpoint) : 독립성이 강한 둘 이상의 멜로디를 동시에 결합하는 작곡 기법이다. 멜로디(선율)에 대한 새로운 멜로디의 창작이라는 사고에 기초한 작·편곡 기법으로, 화성법이 화음의 겹침과 연결이라는 수직적인 요소를 대상으로 하지만, 멜로디 라인의 유동성이란 수평적 요소를 대상으로 하는 것이 대위법의 특징이다.

2.2 더 높은 차원

건축을 통한 음악의 전통적인 해석에 만족하지 못한 브랙든은 전등에 의해 색상조합의 움직임을 스크린에 영사하여 음계를 번역하는 기구를 제작했다. 그는 1916년에 이 "럭스오르간(Luxorgan)"으로 뉴욕 센트럴파크에서 "벽 없는 대성당(Cathedral Without Walls)"과 같은 커다란 장관을 구성하고 실행했다. 5년 후, 음악가 토마스 윌프레드(Thomas Wilfred)는 컬러오르간으로 알려진 "클라비룩스(Clavilux)"라 불리는 악기를 제작했다. 브랙든의 "4차원적 디자인"은 클라드니 진동접시의 현대 버전으로 소리에 민감한 투명물질을 사용해서 움직임을 담아내었다. 1950년대까지 윌프레드는 여러 종류의 클라비룩스를 만들었는데 보통 티브이세트 같은 형태의 장식장 안에 2평방피트 화면을 담는 반면에, 어떤 종류는 조명 패턴을 벽에 영사하는 것들도 있다. 〉그림 30 참고

윌프레드의 클라비룩스의 핵심 방법은 한개 혹은 그 이상의 광원, 몇 개의 보석으로 덮인 디스크 및 다양한 속도로 회전하는 굴곡진 거울로 이루어져 있었다. 비록 조명패턴의 일부가 주기적으로 반복되었더라도, 루미아(lumia)는 정지된 이미지가 전체적인 구성을 대표할 수 없다는 점에서 브랙든의 4차원적 원리와 일치한다.

루미아(Lumia) : 빛을 조작해서 스크린 위에 추상적인 형상과 색의 변화를 그려 보이는 예술로서, '빛의 예술', '색채음악' 이라고도 한다. 1922년, 덴마크에서 출생한 T.윌프렛이 피아노의 건반 조작을 따라 움직이는 빛으로 그 영상을 자유롭게 조작할 수 있는 효과를 고안, 뉴욕에서 최초로 공개하였다. 움직이는 색채로서 연극 또는 음악 연출에 응용하며 움직이는 벽화로서 건축조명으로도 사용된다. 1920년대에 크게 유행하였다. 브랙든은 아인슈타인의 상대성 이론이 시간이라는 개념을 4차원으로 이해하며 기하학의 특수한 사용을 만들어내기 이전에 이미 4차원적 개념에 매료된 많은 건축가중 한명이었다. 브랙든은 다른 접신론자에 의해 영감을 얻어 우리가 단지 불완전하게 직감하는 보이지 않는 근원적인, 4차원의 세계가 있다고 주장했다. 〉그림 31 참고

그림 30:
토마스 윌프레드, 클라비룩스

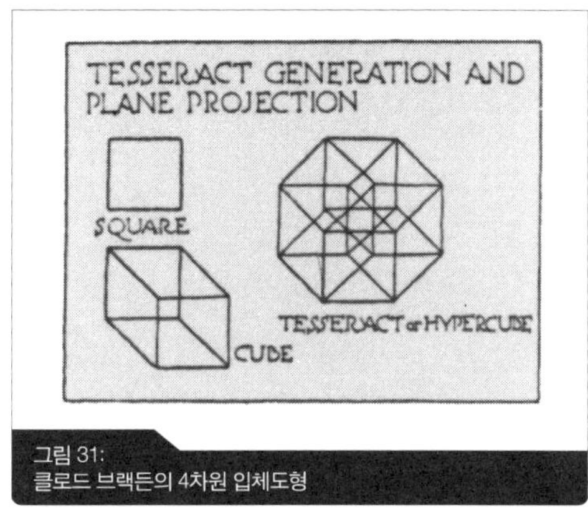

그림 31:
클로드 브랙든의 4차원 입체도형

그림 32:
피터 아이젠만의 연구소, 카네기 멜론 대학 (프로젝트)

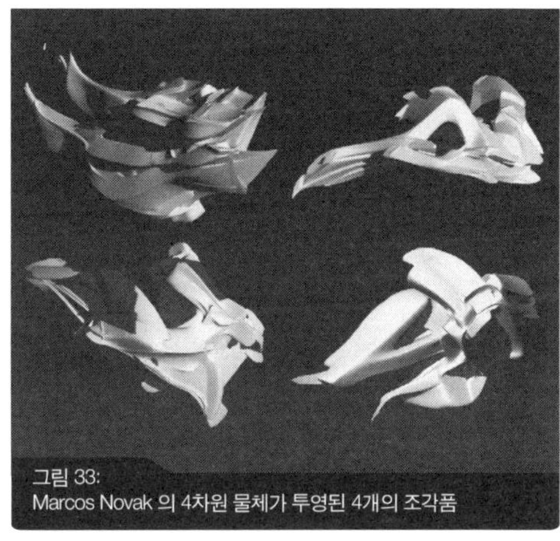
그림 33:
Marcos Novak 의 4차원 물체가 투영된 4개의 조각품

20세기의 끝으로 가면서 많은 전위적 디자이너들이 이 주제로 회귀하였다. 피터 아이젠만의 피츠버그 카네기멜론대학의 사이언스 빌딩의 디자인은 서로 교차하는 일련의 불리언 큐브(Boolean cube)에서 시작되었다. 찌그러진 덩어리와 열린 철골 프레임은 이러한 기하학의 자취를 보여준다. 〉그림 32 참고

가상현실 기술을 통해 4차원 기하학을 더 일관적으로 응용할 수 있게 되었다. 마르코스 노박(Marcos Novak)이 2000년의 베니스 비엔날레에서 전시한 "보이지 않는 건축(invisible architecture)"에서 한 예를 찾을 수 있다. 설치물의 주요 부분은 각 끝에 적외선 감지기와 렌즈 기구가 연결된 철사가 달린 막대였다. 이 기구는 육안에 보이지 않지만 컴퓨터에 의해 판별 가능한 분명한 3차원 형태를 만들어낸다. 관객의 손이 닿으면, 컴퓨터는 침입을 감지하고 특정한 소리로 반응했다. 따라서 관객

은 그들의 손을 움직여 보이지 않는 조각품의 위치와 정확한 형태를 변화하는 음악적 전개를 통해 예상할 수 있었다. 〉그림 33 참고

역사적인 안목에서 노박의 설치물은, 4차원적 연산에 근거한 브랙든과 윌프레드의 조명 쇼, 그리고 소리로 인간 행동을 전자적으로 해석하는 1919년에 레온 테레민(Leon Theremin)에 의해 발명된 악기인 테레민(Theremin) 이라는 1920년대 대중의 발명품 두 가지가 결합된 형태로 볼 수 있다.

2.3 비례

음악을 사용하는 전통적인 방법으로는 비례이론이 있다. 피타고라스는 이미 음계에 있는 기본 간격이 1+2+3+4 즉, 테트라크티스(tetraktys)의 간단한 수의 비례로써 기술될 수 있다는 것을 발견했다. 이것을 일반화하여 피타고라스는 우주 전체가, 각각의 서로 다른 스케일에 화합하는 기하학적이고 수적인 구체화에 따라 만들어졌다고 가정했다.

테트라크티스(Tetraktys): 피타고라스주의자들에 의하면 조화롭고 아름다운 음악은 수로 표현될 수 있다. 피타고라스는 세 가지 어울림 음정(옥타브, 제5음, 제4음)과 정수비와의 관계를 발견했다고 한다. 즉 옥타브의 경우 현 길이의 비율이 2:1이고, 제 5음은 2:3, 제 4음은 3:4라는 발견에 등장하는 4개의 정수(1,2,3,4)를 테트라크티스(tetraktys)라고 한다. 피타고라스주의자들은 이 테트라크티스를 신성한 것으로 여겼으며, 이 네 수의 합인 10을 가장 신성한 수로 생각했다. 위에서 언급한 어울림 음정은 테트라크티스로 나타낼 수 있다. 즉 조화롭고 아름다운 음악은 수로 표현될 수 있다는 것이다.

역사학자 조지 허쉬(George Hersey)는 그러한 피타고라스의 아이디어가 르네상스의 신플라톤주의적 철학자와 건축가에 의해 더욱 발전되었다고 주장했다. 그는 르네상스 건축가들이 신플라톤주의적 사고를 한다고 주장했으며, 이는 실제 건물이 단순히 가치 없는 가상의 스케일 모형을 크게 만든 버전이며, 디자인 도면의 불완전한 도안일뿐이고, 그리하여 우주 운행을 예시하는 추상적 기하학 구조인 실체의 그림자라는 주장이다.

오히려 좀 덜 극적으로, 역사학자 루돌프 위트코워(Rudolf Wittkower)는 르네상스의 한 천재인 팔라디오(Palladio)가 설계한 그의 저택 안에 있는 비례가 푸가 음악에 대등할 만큼 조화로운 시퀀스를 형성하는 방법으로 디자인됐다고 주장했다. 1947년에 위트코워는 또한, 팔라디오의 빌라들이 서로 달라 보이지만, 모두 유사한 다이어그램, 체크무늬 또는 띠 격자에 근거한다는 독창적인 해석을 하기도 했다.

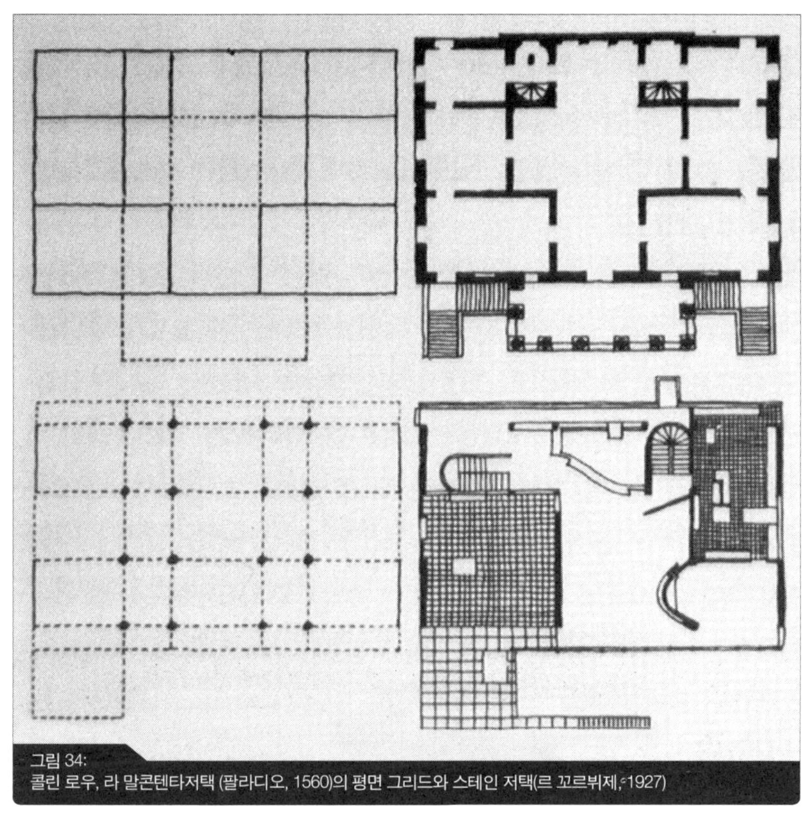

그림 34:
콜린 로우, 라 말콘텐타저택 (팔라디오, 1560)의 평면 그리드와 스테인 저택(르 꼬르뷔제, 1927)

위트코워의 이 훌륭한 글은 유명해져서, 이론가인 콜린 로우(Colin Rowe)가 가르슈(Garches)에 있는 르 꼬르뷔제(Le Corbusier)의 스테인 저택(Villa Stein)에서 유사한 그리드를 찾도록 영감을 주었으며, 후에 푸아시(Poissy)에 있는 르 꼬르뷔제의 사보아 저택(Villa Savoye)과 비첸차에 있는 팔라디오의 로툰다 저택 사이에 유사성을 집어냈다. 〉그림 34 참고 원래 이 제안은 단순히 형태적 유사성이라는 근거만으로 만들어진 것이지만, 후에 역사학자들은 르 꼬르뷔제가 일찍이 팔라디오의 작업에 관심을 가졌단 사실을 보여주는 확실한 증거를 찾아냈다. 1923년 르 꼬르뷔제는 그의 유력한 저서 '*새로운 건축을 향하여*(Towards a New Architecture)' 에서, 기하학적으로 "통제된 선"과 황금 분할을 포함한 비례를 사용할 것을 주장했다. 하나의 예로, 우리는 그가 1922년에 파리에 있는 그의 순수주의 동료 아메데 오장팡(Amedee Ozenfant)을 위해 디자인한 스튜디오를 볼 수 있다.

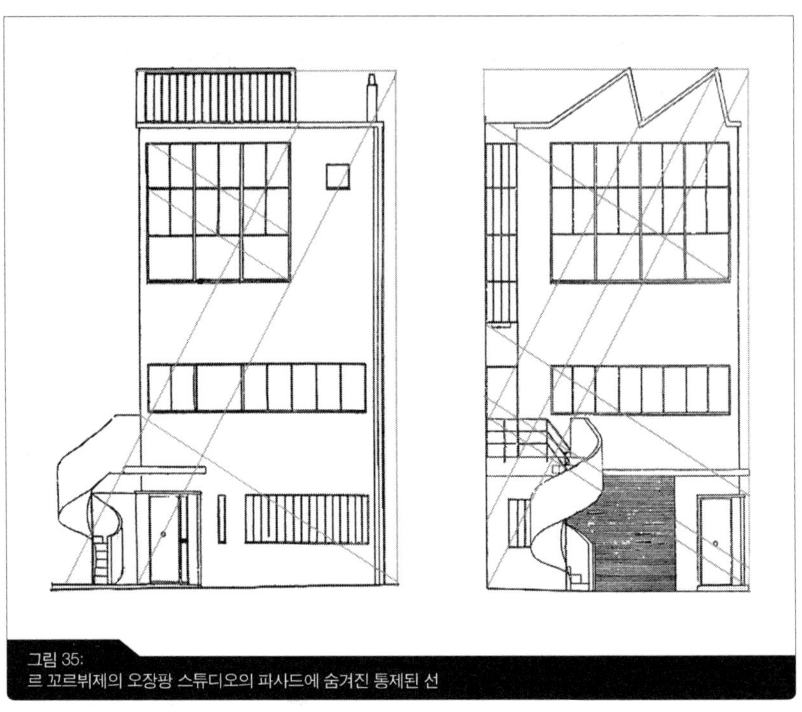

그림 35:
르 꼬르뷔제의 오장팡 스튜디오의 파사드에 숨겨진 통제된 선

르 꼬르뷔제는 불규칙하게 형성되어 있는 주어진 사이트의 우연성에서 아틀리에 건물의 설계를 시작했다. 〉그림 36 참고 건물의 한 쪽 벽은 대지 경계선에서 30° 가량 기울어져 있다. 평면은 두 그리드가 30° 의 각으로 만나면서 만들어진다. 외부계단의 위치는 30° 기울어진 벽의 연장선과 이 축에 수직인 선에 의해 결정되어 사이트의 전면 우측 모서리에 붙는다.(a) 내부의 다른 계단은 두 선의 교차점에 위치하는데, 한 선은 외부계단 뒷벽에서 사이트 내부 우측 모서리까지 연결되는 선이다. 다른 선은 벽의 좌측 모서리에 평행한 외부 계단의 접선으로써, 뒷벽의 창문위치와 건물 전면의 커다란 창 옆의 작은 창의 위치를 결정한다.(b) 내부 계단의 중심에서 우측 벽에 대고 좌측 벽에 수직으로 그은 선에 의해 같은 점이 만들어진다.(c) 측벽에 있는 아틀리에 창의 가장자리는 뒤편 창으로부터 우측 벽과 평행한 선을 그려 내려 결정된다. 다른 디테일조차 이 통제된 선으로부터 만들어진다. 예를 들어 싱크대가 갖추어진 "실험실"은 건물 전면의 좌측 모서리로 향하는 선상에 위치한다.(d) 동일한 각은 건물전면에도 적용된다. 〉그림 35, 36 참고

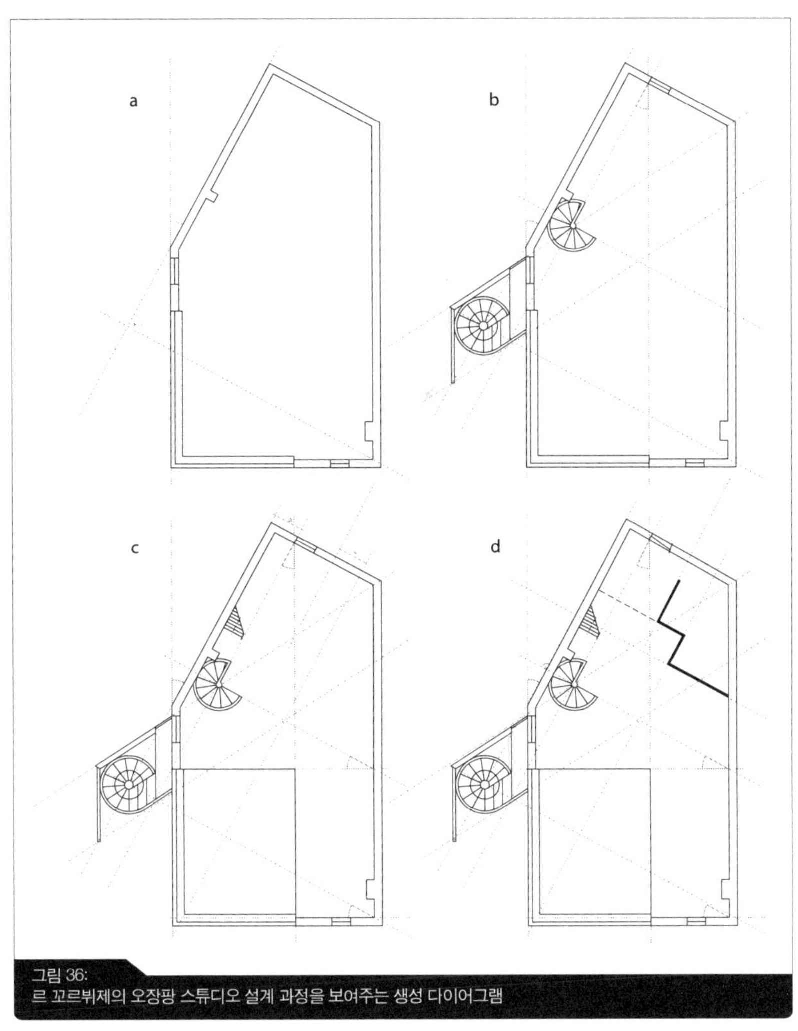

그림 36:
르 꼬르뷔제의 오장팡 스튜디오 설계 과정을 보여주는 생성 다이어그램

르 꼬르뷔제는 그의 건축인생 말년에, 자신의 모듈러 시스템(1948년에 최초 간행)에서 사용된 비례법을 체계화하기 위해 노력했다. 그는 황금비가 아름다움의 열쇠라고 확신했으나, 이 비논리적인 비례는 특히 산업적 조립식 건축 등 건물 시공에 쉽게 적용 가능하지가 않았다. 실질적인 치수를 정의하기 위해, 그는 앞의 두 수의 합이 다음 숫자가 되는(1, 1, 2, 3, 5, 8, 13, 등) 피보나치수열의 원칙을 적용해서 어떤 수를 선택하든 그 간격과 다음 간격의 비율이 점차적으로 황금비에 가까워지도록 한다. 모듈러는 183cm에서 끝이 나는 빨간색의 피보나치

그림 37:
르 꼬르뷔제, 이아니스 크세나키스, 필립스 파빌리온의 자유로운 형태는 모듈러 차원에서 제한된 원칙을 바탕으로 한다.

수열과 226cm에서 끝이 나는 파란색의 피보나치수열 두 개로 만들어졌으며, 르 꼬르뷔제는 이것으로 이상적인 신장을 가진 인간이 팔을 뻗었을 때의 높이를 표현했다.

시스템이 건축가의 독창성을 제한하고 획일적인 박스형태 건물로 갈 것이라는 점을 두려워한 회의론자들에게 보란 듯이, 르 꼬르뷔제 자신이 설계한 가장 기이한 디자인인 프랑스 롱샹에 위치한 롱샹예배당(Notre-Dame du Haut chapel, 1954)과 브류셀에 위치한 필립스 파빌리온(Philips Pavilion, 1958)두 개의 건물에서 모듈을 적용했다. 〉그림 37 참고

비록 우리가 황금비가 가진 절대적인 아름다움에 대한 르 꼬르뷔제의 신념에 동의하지 않더라도, 디자인을 통한 일관된 비례의 사용이 보는 이들로 하여금, 서로 다른 요소들을 구성함에 있어 가시적인 연결성을 찾게 해준다고 주장할 수 있다. 그 결과, 디자인은 흥미로운 해석의 한 종류가 된다.

비례 시스템의 사용에 대한 또 다른 근거는 그것이 단순히 심미적이지 않고 현실적이기 때문이다. 일본 다다미 바닥 시스템에서 영감을 받은 듯한 많은 근대 건축가들은 모듈작업에 있어서 비례 시스템을 수용했다. 그들은 조립식 요소와 표준 구성요소의 조합을 고려하였다.

3. 의식하지 않은 요소들과 우연

3.1 헤테로토피아(Heterotopia)

동시대 대부분의 건축가들과 마찬가지로, 알바 알토 역시 건물 디자인을 결정하는 디테일에 적절한 시스템을 적용한 반 방법론적 접근의 대가로 묘사된다. 그의 초기 작품인 핀란드 노르마르쿠 지역에 있는 빌라 마이레아(Villa Mairea, 1939)에서는 '입체적인 콜라주'나 '숲의 공간' 처럼 반방법론적 원칙이 포함되고 있는 것으로 보인다. 여기서 의미하는 것은 빌딩의 풍부한 재료와 형태는 개념보다는 감성적인 분위기와 관련된다는 것이다. 조금 더 분석적으로 보면, 건축 이론가인 데메트리 포르피리오스(Demetri Porphyrios)는 알토의 건축에는 '헤테로토피아' 이라고 불리는 특별한 생성의 체계가 있다고 주장했다. 포르피리오스가 '헤테로토피아' 에는 서로 다른 형태에 체계적인 원칙이 없다고 주장했는데 반해, 다른 이론가들은 알토가 건물의 방문 경로를 취하고 있다고 말하는데, 이는 동선을 보다 유연하게 만들 때 최초의 조직이라 할 수 있는 건물의 주변으로 다른 기능들이 조직되고 왜곡되는 경로를 말한다. 또 다른 측면은, 알토의 '헤테로토피아' 디자인의 매우 다양한 형태와 체계들이 건물에서 가장 중요한 기능들을 가지고 있는 공간을 강조할 때 사용된다는 점이다. 따라서 알토는 흔히 그리스 극장의 평면과 같은 부채꼴모양의 특이한 형태의 공공공간을 구사하며, 평범한 기능(건물의 종류에 따라 오피스, 기술적 공간, 아파트 등등이 될 수 있다)들은 반복적이고 간단한 패턴으로 배열한다.

알토의 볼프스부르크 문화센터(1962)와 같은 디자인은 '이형적' 방법을 전형적으로 보여준다. 평면, 그리고 입면의 주된 기능상의 요소들 모두 그것들만의 특별한 조직적이며 미학적인 체계를 가지고 있다. 주 출입구 위에 있는 다각형 모양의 강당은 부채꼴 패턴으로 배치되어 있고 줄무늬 대리석으로 외장 처리되어 있다. 이와는 대조적으로, 마치 르 꼬르뷔제의 빌라 사보아를 길게 늘어뜨린 듯한 근대주의 입면 뒤에 오피스가 직교하고 있다. 로마 아트리움 하우스의 텐트 모양의 지붕과 개방 벽난로 같은 비교적 독립적인 모티브들도 소개되고 있다. 미스 반 델로에(Mies van der Rohe) 작품에서 볼 수 있는 듯한 통합적인 그리드(격자형식) 대신에, 〉전례, 특정 모형의 변형 참고 알토는 먼저 각 프로그래밍 요소만의 정체성과 구체적인 형태를 부여한 다음, 그 요소들을 충분히 빽빽이 배치하여 이상적인 형태를 왜곡시켰다. 〉그림 38, 39 참고

비평가들이 '헤테로토피아'의 개념에 관하여 토론하는 동안, 알토는 스스로 그의 디자인 방법에 대한 좀 더 색다른 견해들을 제시했다. 그의 글에서 그는

그림 38:
알바 알토, 볼프스부르크 문화센터

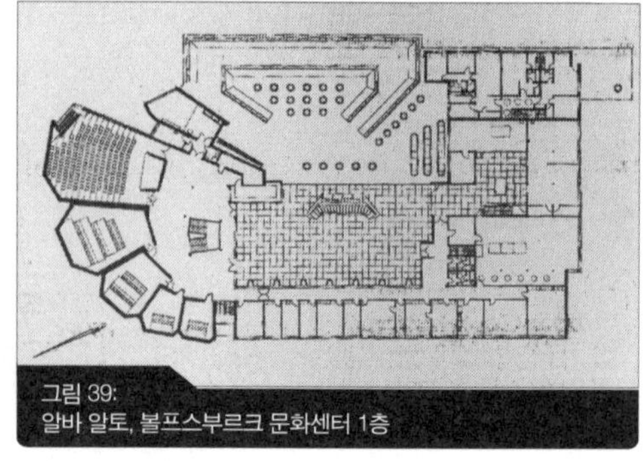
그림 39:
알바 알토, 볼프스부르크 문화센터 1층

어린아이들이 자기 마음대로 낙서를 하는 것처럼 디자인하기 위해 정보들을 무시하려고 노력한다고 이야기했으며, 다른 관련 글에서는 그의 디자인 접근방법이 "놀이(play)"와 비슷하다고 설명했다. 그의 실험주택(Experimental House, 1953)의 주동이 보다 절제된 로마의 아트리움 하우스의 낭만적 파괴(변형)로 비추어지는 반면, (단지 부분적으로 인식되는) 생소한 꼬리 부분의 단면은 그렇지 않아 보인다. 실제로, 실험 주택은 다른 종류의 그림으로 연출하거나, 자유형 파빌리온의 평면을 위한 미니어처의 조경의 특징을 사용하거나, 심지어 대지 평면도와 초상화를 섞는다던가 하는 방법이 취해졌다고들 말한다. 알토가 반복하여 사용하는 수법들 중 하나는 같은 형태의 모티브들을 본래와 엄청나게 다른 스케일에서 사용하는 것이다. 따라서 그의 특징적인 디자인 중에 하나는 의자의 다리가 결합되는 것(볼프스부르크에 있는 그의 교회의 천장, 세이나요키 도서관의 평면, 코트카의 집합주거 개발 배치도에서 보이는 것)과 같은 부채꼴 조직이다. 〉그림 40, 41, 42참고

3.2 현실주의적인 방법들

알바 알토와 동시대의 건축가들은 무질서적인 디자인 방법을 좀 더 신중하고 정확하게 표현했다. 예를 들면, 프랑크(Josef Frank)는 자연스럽게 성장하는 도시의 활력을 얻기 위해 수준 높은 문화와 저급 문화들의 수많은 이미지를 조합하여 반-우연적인 것들을 포함하는 개념인 "우연주의(accident-ism)"을 구축했다. 〉그림 43 참고

예술적이거나 건축적인 창조성의 추진력이 된 우연주의의 개념은 20세기에 가장 인기 있는 것이었다. 그러나 이 이념의 뿌리는 고대에 있다. 아리스토텔레스는 구름에 보이는 형상을 언급하며, 플리니는 벽에 스펀지를 던져 회화를 그린 프로토게네스를 이야기한다. 이런 고대이야기에 영향을 받은 레오나르도는 벽에 얼룩진 무늬들이 풍경과, 투쟁, 표면을 포함하고 있다고 언급했다. 그의 발언

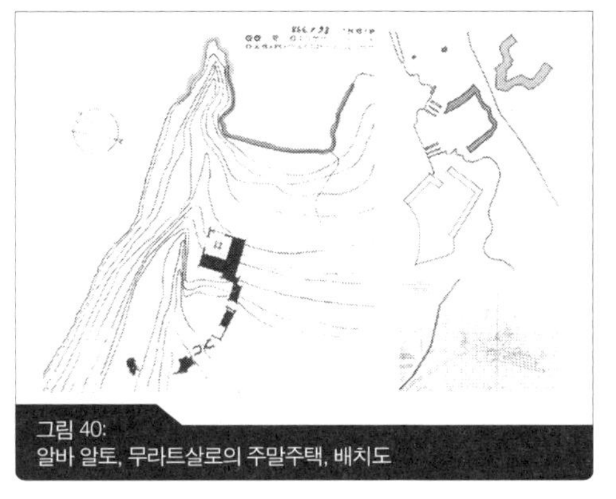
그림 40:
알바 알토, 무라트살로의 주말주택, 배치도

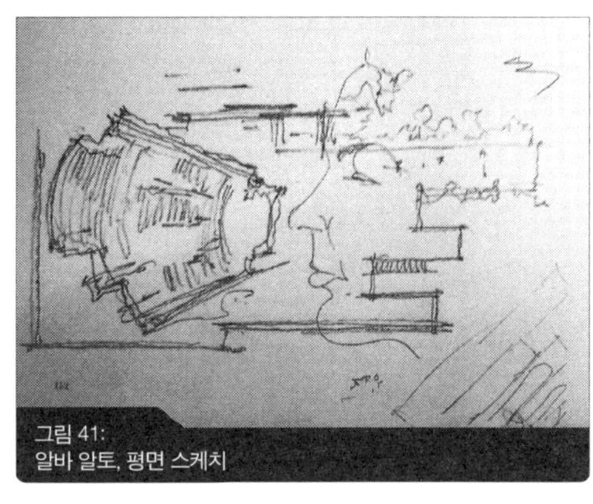
그림 41:
알바 알토, 평면 스케치

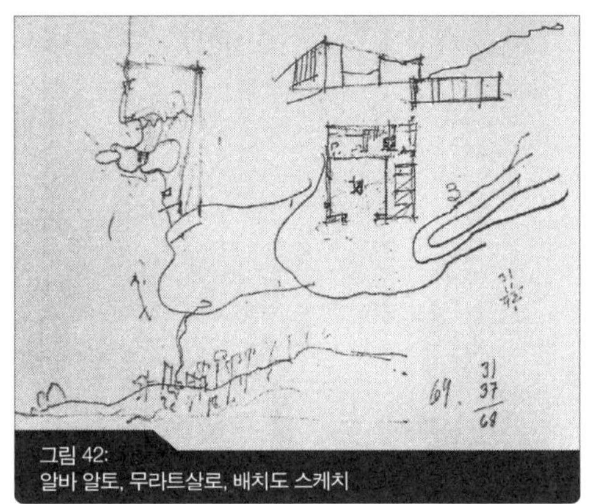
그림 42:
알바 알토, 무라트살로, 배치도 스케치

그림 43:
요제프 프랭크(Josef Frank), 우연주의 건축

은 1785년에 알렉산더 코젠스(Alexander Cozens)에 의해 우연성의 진정한 이론으로 발전했다. 알렉산더 코젠스는 '풍경의 독창적 구성의 창안을 돕는 새로운 방법(A New Method of Assisting the Invention in Drawing Original Compositions of Landscape)' 이라는 논문에서 생각을 그리는 기계적인 방법론에 대하여 언급한 영국의 풍경 화가였다. 이것은 종이를 손으로 구긴 다음에 평평하게 펴고 그 위에 붓으로 물감 덩어리를 우연적으로 구성한다. 코젠스는 얼룩들 자체는 그림은 아니지만 그림이 그려질 때 만들어진 우연적 형태의 집합체는 그림이라고 강조했다. 인상적인 얼룩들을 선별한 다음, 예술가는 그 무엇도 추가로 포함하지 않은 이미지를 얼룩속에서 추적해 내야한다. 추가적으로 터치를 가하면 드로잉이 끝난다. 이러한 방법의 목적은 예술가들이 의도적인 컨트롤을 하지 않음으로써 종래에 관습적으로 풍경화 구성을 해왔던 원치 않는 규율의 종속 관계로부터 자유롭기 위함이다. 〉그림 44 참고

그림 44:
알렉산더 코젠스, 잉크 얼룩

비슷한 방법으로는 20세기에 초현실주의자들이 심령술사와 접신론자들의 방법인 초자연적인 힘을 받아 무의식적으로 글을 쓰는 방법을 부활시킨 것이 있다. 접신론자들은 그들의 영혼이 손을 이끌어 어떤 매체가 그들 스스로를 해방시키는 상황으로 자동적 글쓰기를 생각했던 반면, 초현실주의자들은 정신분석학적 용어로 방법론을 체계화 했다. 일반적인 실내게임을 적용하면서, 제 1세대의 초현실주의 화가들은 개별적인 작가들을 그룹으로 통합하기 위해 "처참한 송장(exquisite corpse)"의 방법을 즐겼다. 첫 번째 사람이 종이 위에 무언가 그리고 접어서 다음 사람에게 넘겨주면 그것을 이어서 그림을 그리는 방식의 게임이다. 막스 에른스트(독일의 초현실주의 예술가)는 대상물 위에 놓은 종이에 연필이나 물감을 문질러서 패턴과 이미지를 만들어내는 프로타주(frottage)라는 방법을 가장 즐겨 사용했다. 또한 색을 두텁게 칠한 후 표면을 긁어내는 방법인 그라타주(grattage)라는 방법도 사용했다.

후기 초현실주의자들은 이미지를 만들어내는 몇 개의 추가적인 방법들을 고안했다. 루마니아의 예술가 겸 시인인 게라심 루카(Gherasim Luca)가 고안한 쿠보마니아(cubomania)는 몇 개의 이미지들을 같은 크기의 정사각형으로 자른 후 새로운 조합방법으로 그것들을 자유롭게 다시 배치하여 이미지를 만드는 방법이다. 수플라주(Soufflage)는 그림의 표면에 액체를 불어서 만들어내는 효과, 파세마주(parsemage)는 숯가루를 물의 표면에 살짝 적신 후에 걷어낸 종이 위에 흩뿌리는 방법, 푸마주(fumage)는 종이 밑에 촛불을 대고 움직여 그을린 자국으로 형상을 만들어내는 효과, 엔토픽 페노미나(entoptic phenomena)와 같은 자연적으로 이미지가 그려지는 방법들을 같은 루마니아의 예술가인 돌피 트로스트(Dolfi Trost)와 함께 고안했다. 콜라주(coulage)는 초콜릿이나 통조림 또는 왁스 등을 녹여서 차가운 물에 부어서 우연하게 조각품을 만들어내는 삼차원적인 방법 중 하나이다.

오토마티즘automatism : 의식적인 사고를 피하고 생각이 흘러가는 대로 그림을 그리는 화법

후에, 트로스트는 엄격하게 보았을 때 과학적인 과정이 적용된 결과인 초기의 초현실주의자들의 **오토마티즘**(automatism)에 관한 예술적 기법들마저도 버렸다. 그러나 후기에 자주 사용된 기법들을 보면 결과를 예측할 수 없는 기법들이다.

초현실주의자들의 방법들을 자신의 건물의 형태를 결정하는데 적용한 몇몇 건축가들도 있었다. 쿱 힘멜브라우(Coop Himmelblau)의 볼프 프릭스(Wolf Prix)와 헬무트 스비친스키(Helmut Swiczinsky)는 캘리포니아 말리부의 오픈 하우스(1990)에서 오토매틱 드로잉 기법을 부활시켰다. 눈을 감고, 정신을 집중한 다음, 손을 지진계처럼 공간에서 느껴지는 대로 움직이며 그림을 그려 디자인을 했다. 그러는 사이에 건축가는 그림에 대한 평가 판단을 유보한 채 삼차원 모형의 스케치로 전환하여 그렸다. 이러한 행위가 일어나는 동안 지미 헨드릭스의 퍼플 헤이즈(Purple haze)가 큰 소리로 스피커를 통해 흘러나왔다. 〉그림 45, 46 참고

초현실주의가 동시대의 많은 건축가들에게 영향을 끼치고 있음에도 불구하고 초현실주의자들의 기법은 형태를 만들어내는데 직접적으로 사용되지는 않았다. 명쾌하게 살바도르 달리의 편집증적 비평 방법을 참조한 렘 콜하스(Rem Koolhaas)

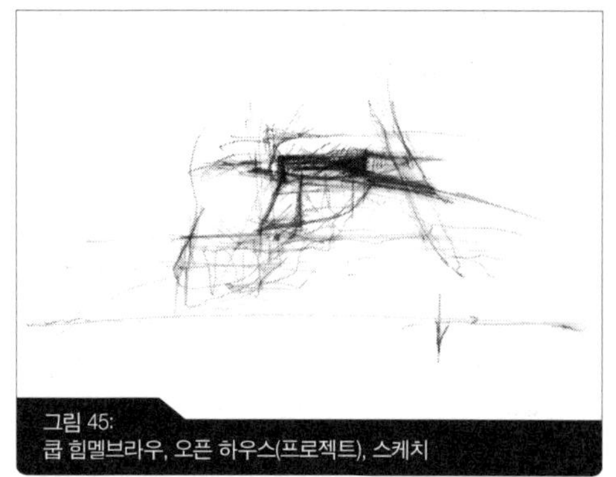
그림 45:
쿱 힘멜브라우, 오픈 하우스(프로젝트), 스케치

그림 46:
쿱 힘멜브라우, 오픈 하우스, 모델

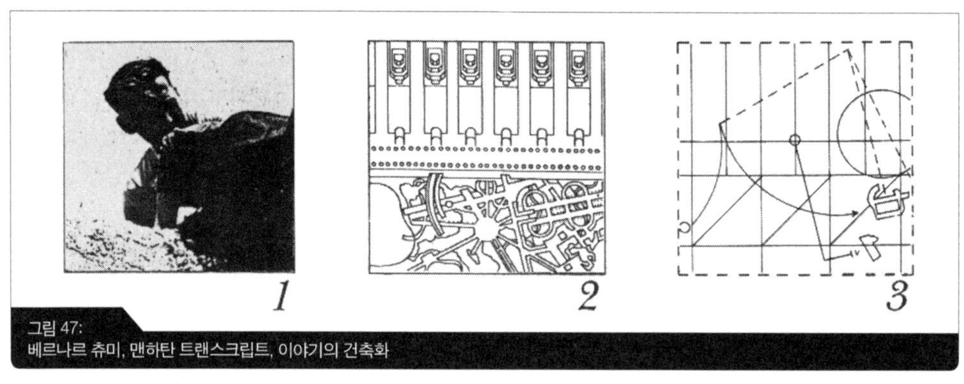

그림 47:
베르나르 츄미, 맨하탄 트랜스크립트, 이야기의 건축화

그림 48:
R&Sie, Dusty Relief/B-mu(프로젝트), 단면

그림 49:
R&Sie, Dusty Relief/B-mu, 건물 외관

는, 일반적인 배치보다는 기능적 효과에 초점을 맞추었으며, 새로운 사건들을 발생시킬 것으로 기대되는 비연속적인 통합체에 모순된 기능(프로그램)들을 덧씌우는 것을 추천했다. OMA의 파리 라 빌레트 공원(1982) 디자인을 예로 보면(계획안), 어울리지 않는 기능(프로그램) 요소들의 집합이다. 좀 더 정확하게 표현하면, 건축가이자 이론가인 베르나르 츄미(Bernard Tschumi)는 그러한 운용을 반대, 교차, 프로그램의 교차로 나누었다. 그는 또한 영화에서 분명하게 참고할 수 있는 몽타주의 가능성에 대하여 탐구하고 표기의 정교한 시스템을 제안했다. 츄미의 맨하탄 트랜스크립트(The Manhattan Transcripts, 1978-94)는 탐정소설의 서술기법을 건축계획으로 해석한 것이다. 〉그림 47 참고

외형질(ectoplasm) : 아메바 · 짚신벌레 등의 원생동물의 몸을 구성하는 원형질의 일부로 내외 두 부분 중 바깥쪽의 과립이 적은 균질한 겔에 가까운 부분을 말한다.

좀 더 엄격한 초현실주의 프로젝트는 Dusty Relief/ B-mu(2002)라고 불리는 R&Sie가 디자인한 태국 방콕의 현대미술관이다. 이것은 '순수회색 외형질(ectoplasm)의 입자들' (알루미늄 격자의 표면에서 도시의 먼지를 모으는 정선기 시스템)의 화소를 나누는 것으로부터 무작위로 계산되며 결과적으로 유클리드 기하학적인 내부와 위상학적인 외부 사이의 정신없는 대조와 같은 다른 것들을 수반한다. 건물의 외관은 도시 내 대기 중의 오염물질에 대한 반응으로 그 색상, 형태, 질감을 지속적으로 변화하면서 그 결과를 드러낸다. 〉그림 48, 49 참고

4. 이성적 접근

4.1 행동 형태

오리지널 초현실주의자들이 디자인에 있어서 비이성적이고 임의적인 기술로 실험을 하고 있을 때, 바우하우스의 몇몇 건축가들과 예술가들은 이와 반대로 합리적이고 객관적이며 정확한 방법을 시도했다. 디렉터로서의 임기(1928–30) 중, 하네스 마이어(Hannes Meyer)는 건축이 순수 예술이 아니기 때문에, 건축가가 주관적인 직관이나 창조적인 영감을 바탕으로 행동할 권리가 없다고 주장했다. 대신에 모든 건축적인 디자인은 측량 가능하거나 관찰 또는 저울질 할 수 있는 확고하고 과학적인 지식에 근거를 두어야 한다고 했다. 이 논리의 근거를 마련하기 위해 그는 많은 과학자들에게 철학, 물리학, 경제, 사회학, 심리학, 생리학, 해부학 등의 분야에서 이루어진 새로운 발견에 대해 가르쳐주고 그들이 시공 기술, 재료 및 기능적 조직에 대해 연구할 수 있도록 격려하였다. 실제 디자인 과정은 진행하는 과업에 대한 일반적인 지식과 구체적인 정보, 특히 대지와 프로그램에 대한 정보를 결합하여 활용한다. 예를 들어, 마이어는 태양의 각도, 토양의 수분수용 능력, 공기 중의 습도에 대한 분석의 중요성을 강조했다. 모든 관련된 정보가 주어지면 건축 디자인은 자동적으로 "스스로 계산"되어 나온다는 것이다. 마이어의 과학적 분석 정신은 서로 다른 기능간의 관계를 시각화할 때 사용하는 버블 다이어그램으로 오늘의 건축가들에게 이어진다. 〉그림 50 참고

하네스 마이어(Hannes Meyer), 티보 와이넌(Tibor Weiner), 및 필립 톨지너(Philipp Tolziner)의 커뮤니티 건물 프로젝트(1930)는 2개의 다이어그램에서 시작한다. 하나는 기능들이 펼쳐지는 순서를 서술하고, 다른 하나는 햇빛의 각도를 결정한다. 이 경우, 동선 다이어그램은 다음과 같이 지정된다. 도착 – 옷 갈아입기 – 보호된 일상 – 방치된 일상 – 그 후에 다시 돌아가거나 또는 옷 갈아입기 – 입욕 – 잠옷으로 갈아입기 – 잠자기. 위에서는 서로 다른 기능에는 다른 햇빛의 수요가 있다는 사실이 가정된다. 침실에는 아침 햇빛이 있어야 하며 거실에는 저녁 햇빛이 있어야 한다. 이것을 기본으로 하여, 첫 번째 공간에는 욕실과 침실 기능이 있고 두 번째 공간에는 거실이 있는 두 개의 방이 딸린 아파트에 디자인은 도달한다. 모든 방은 남쪽을 향하도록 하지만 건물의 볼륨은 저녁에는 욕실이 침대에 그늘을 제공하도록 엎혀 있고, 거실의 코너 창은 남서향으로 향하도록 한다.

그러한 사례에도 불구하고, 마이어는 사실에 기반을 둔 정보로부터의 건물 생성 방법론을 제시하지 못하고 있다. 실제로, 당대에 많은 이들이 그가 객관적인

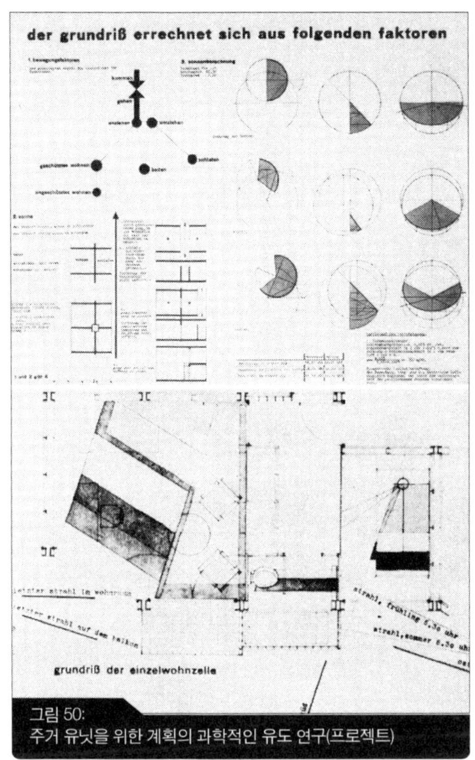

그림 50:
주거 유닛을 위한 계획의 과학적인 유도 연구(프로젝트)

방법으로 논쟁될 수 없는 미적 아젠다를 따른다고 했다. 휴고 헤링(Hugo Haring)은 마이어 추종자들이 불합리하고 이치에 맞지 않는 미적인 취향을 따라 단순한 기하학적인 형태에 대한 선호를 정착시켰다고 주장했다. 헤링 스스로 주장한 "저차원적인 기하학 생각"의 대체는 '작업틀(Leistungsform)' 의 방법이며, 사물의 형태는 활동에 알맞은 공간적인 매개변수에 의해 선입견 또는 편견 없이 파생되어야한다고 제안했다.

작업틀(Leistungsform): 건물이 수행하는 삶의 과정을 명확하게 인지하고, 그에 따라 형태를 부과하는 것이 아니라 형태를 발견해야 하며, 이러한 '유기체작업(Organwerk)' 에 의해 발견되는 형태를 '성과로서의 형태, 작업틀(Leistungsform)' 이라고 한다.

작업틀(Leistungsform)의 유명한 사례 하나는 포니츠호 샤부츠 구트 농장에 위치한 헤링의 외양간(1924-25)이다. 대부분의 헛간이 건설하기 쉽고, 다른 건물에 연결하기 수월하며 확장하기 쉬운 직사각형 평면으로 계획되는 반면, 헤링의 디

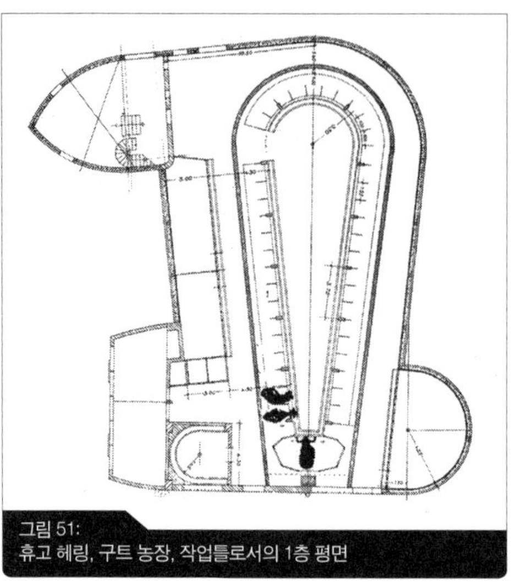

그림 51:
휴고 헤링, 구트 농장, 작업틀로서의 1층 평면

자인은 보편적이지 않은 타원형이었다. 그런 계획은 짓기 어렵고 거의 틀림없이 변화에 융통성이 없지만 헤링에 따르면, 타원형의 헛간은 소들이 출입하기에는 최적화된 것이었다. 〉그림 51, 52 참고

그러나 올바른 행동 형태는 어떻게 발견될 수 있는가? 헤링은 이것을 달성하는 간단한 절차가 있다고 장담하지 않았다. 대신 그는 "형태의 근원에 대한 비밀"에 대해 말했다. 그러나 작업틀에 대한 그의 생각은 1920년대의 기능주의자들 사이에 유행한 작업효율화 연구와 연결 지을 수 있다. 과학적인 매니지먼트의 개척자인 프레드릭 윈슬로 테일러(Frederick Winslow Taylor)가 작업과정 중 개별 단계의 시간만 측정한 반면, 프랭크 길브레스(Frank B. Gilbreth)는 동적사진과 동영상을 활용하여 작업자의 움직임을 흑색 바탕에 빛나는 백색곡선으로 정확히 그려냈다. 나중에 그는 또한 "파노라마 카메라(cyclographs)"로 불린 와이어 모델을 만들어 3차원의 최적 곡선을 보여줄 수 있었다. 길브레스의 파노라마 카메라를 이용하면 헤링이 찾으려던 퍼포먼스 형태를 결정하는 것이 가능할지도 모른다. 〉그림 53 참고

형태의 최적화는 기능이 아주 명확하게 정의될 때 가능하다. 그러나 집에 대해 생각해 보면, 우리는 곧 대부분의 공간이 다양한 종류의 기능으로 쓰이고 있음을 깨닫는다. 그리고 방의 모양이 어떠한 특정한 기능을 위해 아주 최적화되는 경우에는 대개 다른 많은 것에 대해서는 덜 이상적이다. 우리는 공간의 규모, 비용, 사용의 편의, 그리고 위에 나열된 모든 것 또는 완전히 다른 것 중 무엇을 최적화해야 하는지 결정해야만 한다.

그림 52:
휴고 헤링, 구트 농장, 외양간

그림 53:
프랭크 길브레스, 모션 연구

4.2 디자인 리서치

타탄 그리드(tartan grid) : 본디 스코틀랜드에서 시작된 것으로, 특히 직물에 굵기와 색깔이 다른 선을 서로 엇갈리게 해 놓은 바둑판무늬의 섬세한 격자

디자인 리서치 프로젝트는 1960년대에 저렴한 컴퓨터 응용 프로그램의 발달로 새로운 추진력을 얻었다. 니콜라스 네그로폰테(Nicholas Negroponte)는 건축 디자인을 독자적으로 생산할 수 있는 기계를 상상했다. 조지 스타이니(George Stiny)와 윌리엄 미첼(William Mitchell)은 컴퓨터를 통한 건축 디자인 생산 방법으로 형태문법(shape grammar)을 고안했다. 촘스키 언어학을 위트코워의 팔라디오의 별장 분석법에 적용해서, 스타이니와 미첼은 팔라디오의 특성을 가진 새로운 평면과 입면을 생산하는 프로그램을 작성한다. 새로운 설계안들은 모두 르네상스 어휘(파티코과 사원 정면, 그리고 장식 없는 그 지방 블록)의 요소들을 갖추고 있다. 평면은 위트코워가 원전에서 발견한 불규칙한 **타탄 그리드**(tartan grid)의 옵션들이었다.

그러나 컴퓨터 생산 방식에 의해 생성된 수천 개의 옵션 중 어떠한 별장이 좋은 것인가에 대한 의문을 가질 수 있다. 건축을 컴퓨터로 생산하는 것은 어느 정도의 연관성은 있지만, 분류나 평가가 없어서 프로그램은 별로 가치가 없다. 그러나 옵션들을 평가하기 위하여 경계상태를 정의한다면, 우리가 모든 변이를 거치지 않고도 좋은 해결책에 도달할 수 있다

빌 힐리어(Bill Hillier)와 줄리엔 한슨(Julienne Hanson)의 공간 통사론(space syntax)은 역사적인 양식의 모방보다는 야심찬 방법이다. 그들은 사회적 관계는 곧 공간관계이고, 역도 성립한다고 한다. 둘 모두 사람 또는 공간의 형상 문제일 뿐이다. 사회 및 공간 형상이 "무정형의 언어(morphic languages)"라고 불릴 지라도, 그들은 다른 것이 아닌 그들 자신을 상징하거나 의미한다. 힐리어와 한슨은 공간 행위를 위해 두 종류의 행위자, 즉 주민과 방문자를 가정했다. 중요한 요인은 공간의 깊이이다. 공간이 깊어질수록(이를테면 방의 개수가 증가하거나 들어가기 위해 건너가야 하는

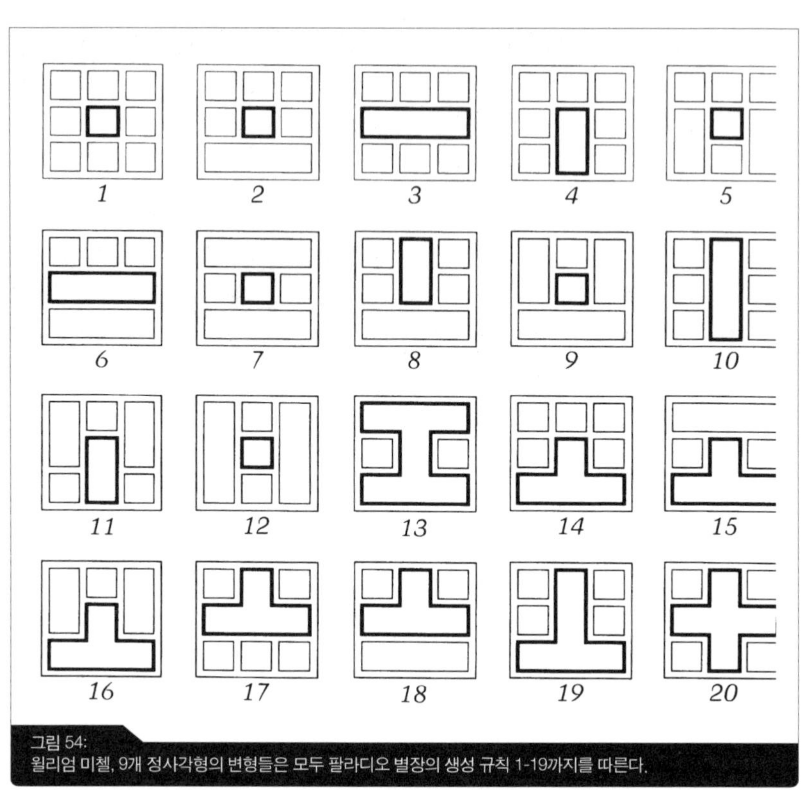

그림 54:
윌리엄 미첼, 9개 정사각형의 변형들은 모두 팔라디오 별장의 생성 규칙 1-19까지를 따른다.

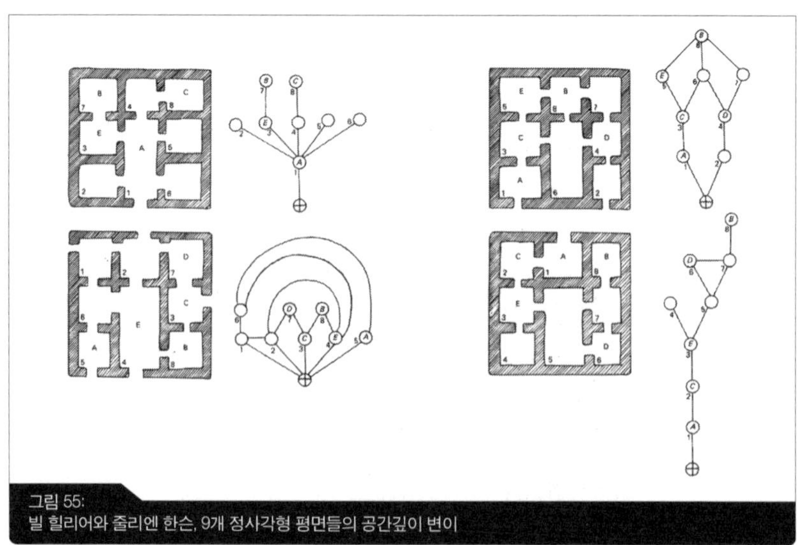

그림 55:
빌 힐리어와 줄리엔 한슨, 9개 정사각형 평면들의 공간깊이 변이

다른 공간이 많아지는 것과 같은) 그 공간은 다른 곳으로부터 분리되고 위계와 권력이 높아진다. 저자들은 4가지 평면에 대한 예를 들었다. 그것들은 9개의 사각 격자에 근거를 둔다는 점에서 형식적으로 유사하다. 그러나 그들은 깊이에 있어서는 근본적으로 다른 공간 구조를 가지고 있다. 〉그림 54, 55 참고

공간 통사론(space syntax)은 굉장히 축약적이다. 문화적인 관습 및 심미적인 요인은 분석에서 과감히 생략된다. 힐리어는 건축적인 경험의 풍요로움 모두를 고려할 필요가 없다고 주장하면서 간단한 지도의 분석으로도 건물과 도시 공간에 있는 사람들의 행동에 관하여 실증적인 다양한 예측을 만들어 내는데 충분하다고 주장하였다. 비록 공간 통사론이 형태를 생성해낼 수 있는 방법은 아니지만 대안적인 설계안들의 효율성을 평가하는 데는 이용될 수 있다.

보다 쉬운 접근으로는 크리스토퍼 알렉산더(Christopher Alexander)의 *'패턴 랭귀지(pattern language)'* 가 있다. 그의 방법은 유사한 방식으로 실험적이고 수학적인 관측이다. 예를 들면, 그는 요구조건 다이어그램, 형태 다이어그램 및 구성 다이어그램을 구분한다. 요구조건 다이어그램은 상황에 관련된 제한사항을 기술하는 것이다. 형태 다이어그램은 예측할 수 있는 기능적인 결과를 가진 정확한 형식적인 조직을 보여주는 것이며, 구성 다이어그램은 설계될 대상의 형식적이고 기능적인 설명을 결합하는 것이다.

그림 56:
크리스토퍼 알렉산더, 교차지점의 구성 다이어그램

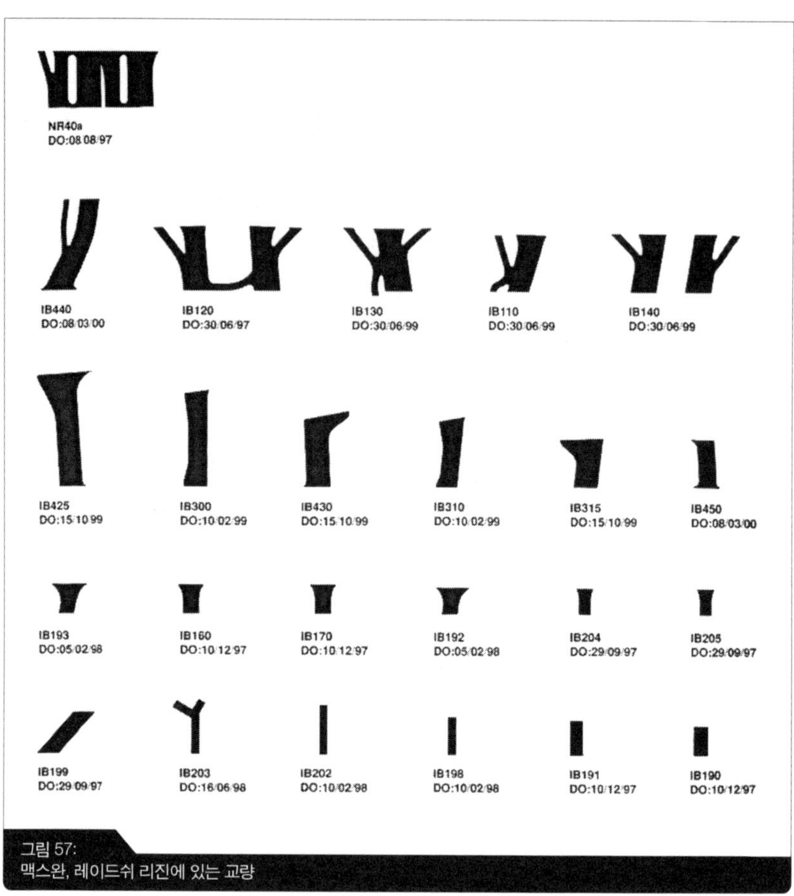

그림 57:
맥스완, 레이드쉬 리진에 있는 교량

알렉산더의 구성 다이어그램의 예시 중 하나는 복잡한 교차로에서의 교통 흐름을 도식화한 것이다. 차의 개수를 나타내기 위해 숫자를 사용하는 대신에 알렉산더는 붐비는 거리를 한적한 거리보다 더 넓게 만들었다. 여기서 보이는 것은 교차로가 기능적인 요구를 만족시키기 위해서 반드시 취해져야 하는 형태의 이미지이다.

정확하게 이 방법은 네덜란드 사무실 맥스원(Maxwan), 리엔츠 다익스트라(Rients Dijkstra)와 라이앤 마킨크(Rianne Makkink)에 의해 네덜란드에 있는 레이드쉬 리진(Leidsche Rijn)의 새로운 도시를 위한 30개의 교량(1997-2000)들을 디자인하기 위하여 적용되었다. 각 교량은 각 사용자의 유형에 따라 분리되는 상판과 예상되는 규모, 교통유형에 맞추어 지어졌다. 〉그림 56, 57 참고 알렉산더는 건축 설계의 중요한 문제 중 하나가 말로 질문을 하는 세태라고 언급한다. 일반화된 언어 개념을 사용하는 대신에, 그는 각 디자인 과업을 구체화된 부분적인 문제로 분해하고, 그것들을 해결하고, 계층 전체로 통합하기를 원했다. 이것을 기초로, 알렉산더는 이벤트의 패턴들에 보편적으로 유효한 정형적인 해결책을 마련한 '*패턴 랭귀지*(*A Pattern Language, 1977*)' 를 개발하였다. "작자 미상의 질적으로 우수한 것은"을 "어느 시대든 어느 장소든 좋은 건축에 통용되는 것"이다. 그는 이 우수성을 규모의 정도, 강한 중심성, 경계, 교차의 반복, 긍정적인 공간, 멋진 모양, 지역적 대칭, 깊은 내부적 연결 및 모호함, 대조, 경사지들, 거칠기, 에코, 빈 공간, 간결함과 내부의 정적, 그리고 비분리성이라는 이상 15개의 기본적인 구성요소들로 만들어 진다고 주장하였다. 캘리포니아 산호세에 있는 건물 기둥 디자인으로 이 우수성을 선보였다.

알렉산더는 건물의 최고 결과가 건축가가 올바른 패턴을 찾기 위해 거주자들을 도울 때 성취되는 것으로 끊임없는 과정으로서 건축물을 묘사하였다. 이러한 의미에서 패턴 랭귀지를 사용자를 위한 계획의 가장 진보된 개념 중 하나라고 생각할 수 있다. 그것은 건축 전공이 아닌 사람들에게 옵션과 선택에 따른 결과를 알려주고, 그 후에 건축 선택사항들에 대한 정보를 준다.

알렉산더의 "패턴"의 의미는 도시부터 구조물의 디테일에 이르기까지 어떤 규모에서든 사물의 관계를 의미한다. 패턴들은 일반적인 디자인의 문제를 위해 해결책의 유형을 제시하지만 항상 똑같은 방식으로 복제해내듯 만들어내는 것은 아니다. 패턴 랭귀지는 일반적으로 각 패턴에 대한 간단한 언어적 묘사, 그 장점에 대한 설명, 그리고 대개의 경우 시각적인 다이어그램을 수반하고 있다. 각 패턴은 다른 것과 관계 맺어야만 하는데, 더 큰 규모든 작은 규모든 그렇다. 그러나 방법론은 위계적이다. 알렉산더에 따르면, 다른 것들을 결정하기 위해 제공되는 최초의 패턴은 선택해야만 한다.

1980년에, 알렉산더는 오스트리아 린츠(Linz)에 있는 큰 전시회 건물을 위한 커피숍을 설계하도록 초대되었다. 그는 패턴 랭귀지에 나오는 총 253개의 패턴 중에서 53개의 패턴을 적용할 것을 주장하였다. 그러나 처음 것이 어떤 패턴인지 구체화하지는 않았다. 아마 우리는 출발점으로 패턴 #88 "노천카페"를 지정할 수도 있다. 〉그림 58 참고

이 다이어그램은 카페가 배경이자 주의를 끄는 초점으로써, 거리를 향해야 한다고 조언하고 있다. 그러나 이 경우는 대지에 도시 가로가 없다. 실재 거리 대신에, 알렉산더는 거리의 종류로서 긴 전시 건축물의 실내 복도를 설명하기 위하

그림 58:
크리스토퍼 알렉산더, 패턴 #88

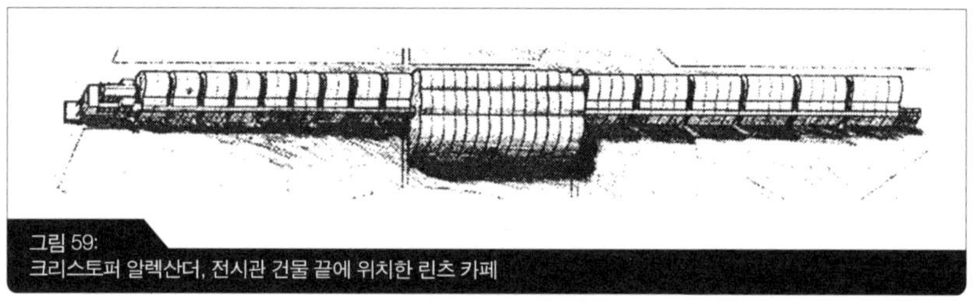

그림 59:
크리스토퍼 알렉산더, 전시관 건물 끝에 위치한 린츠 카페

여 패턴 #101 "건물을 통과하는 통로"를 적용한다. 〉그림 59, 60 참고

알렉산더에 따르면 설계 과정은 대지의 성격과 기본적인 기능의 패턴을 고려하는 것에서부터 시작된다. 린츠에서 그는 카페가 오후 햇빛을 받기 좋고, 강을 바라보는 곳에 위치해야만 한다는 것을 깨달았다. 그리고 강변 조경의 전망을 얻기 위해 충분히 높은 곳에 입지해야 한다는 것을 깨달았다.

더 나아가 그는 부분적으로 지붕과 벽들로 경계를 이루는 공용의 커뮤니티 장소를 만들기 위해 패턴 #163을 적용했다. 패턴 #161은 이 공간이 햇빛을 향하게 하기 위해서, 그리고 패턴 #176은 녹지 환경에 앉을 공간을 제공하기 위해 적용했다.

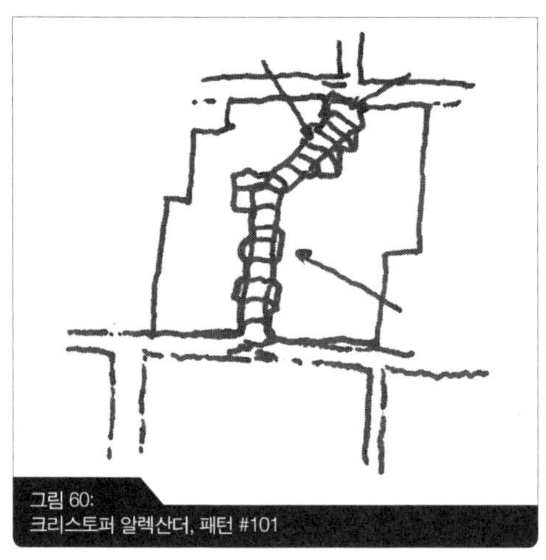

그림 60:
크리스토퍼 알렉산더, 패턴 #101

알렉산더는 카페의 입구가 특히 잘 설계되었다고 생각했다. 패턴#110과 #130을 적용하여 그는 입구를 만들었고 그것은 주도로에서 직접 보이고 접근가능하며 매력적인 형태를 하고 있다. 또한 입구부분이 건축물 안과 밖에 모두 부분적으로 걸쳐져 있어야 한다.

린츠 카페의 예에서처럼, 패턴 랭귀지는 옵션들을 열어두었고, 알렉산더는 그의 결정을 위한 궁극적인 이유로서 감성적인 것과 분위기를 강조한다. 만약 우리가 그것들이 보편적으로 유효하진 않지만 오히려 중산층이 꿈꾸는 사교적이고 이상적인 지중해 캘리포니아 주의 환상적인 삶을 구현해내고 있다는 사실을 염두에 둔다면 이러한 많은 패턴들은 여전히 고려할 만하다. 조화되는 전체를 만들기 위하여 부분적인 문제들의 해결방안들을 결합하는 것이 도전과제로 남아있다.

5. 선례

5.1 유형학

알렉산더가 하나의 패턴이 백만 번도 넘게 모두 다른 방법으로 적용될 수 있다고 주장한 반면, 몇몇 다른 건축가들은 보다 더 엄격하게 정의된 해결책을 개발해왔다. 자크-니콜라스-루이스 듀란(Jacques – Nicolas-Louis Durand)은 간단하고 경제적인 해결책을 제안하기 위해 건축을 이미 주어진 요소들(기둥, 현관, 계단 등)을 직교하는 구성으로 정리, 배열하는 예술로 보는 유형학적 이론을 제안했다. 기둥은 교차지점에 위치해야 하며, 벽은 축 위에, 개구부는 모듈의 중앙에 위치해야 했다. 듀란의 표현방식(formule graphique)은 후에 개발된 표준화 및 조립화 공법의 응용 프로그램들의 선구자 역할을 했다고 볼 수 있다.

그러나 유형학의 많은 이론가들은 유형을 표준적인 요소 안에서 어느 정도 다양성을 보이는 개념으로 제안해 왔다. 일반적으로 유형학은 건물(혹은 건물의 부분들)을 형태적, 기능적 유사성을 기반으로 분류해왔다. 예를 들어 바실리카 교회는 선적인 평면을 가진 유형으로 둘 또는 넷의 회랑이 중앙의 네이브(nave)보다 낮게 측면에 배치되어 네이브가 일정 부분 고측창(clerestory)에 의해 채광될 수 있는 특성이 있다. 이 유형은 수세기 동안 인기 있었고, 각기 다른 모습을 한 수천 개의 교회가 있지만, 모두 바실리카 타입에 속한다.

1960년대에 알도 로시(Aldo Rossi)와 같은 건축가들은 유형학을 디자인 방법론으로 부활시켰다. 그는 토속적, 고전적인 전통에서 발전한 공간과 구조의 유형들을 크게 줄여서 이를 통해 환경에 대한 이해를 높이고 커뮤니티에 대한 집단의 기억을 구현해내고자 했다. 로시는 항상 유형은 개념적인 구축이며, 물리적인 건축물의 형태와는 동일하지 않다고 주장했다. 그러나 그는 기본적인 유형들을 규모와 기능에 관계없이 매우 순수한 형태로 그의 건축물에서 사용했다. 이에 따라 그가 설계한 브로니 중학교(secondary school in Broni, 1970)에는 팔각형의 탑 형태가 나타나게 되었다. 로시가 가장 좋아하던 선상 극장인 이탈리아 베니스의 세계의 극장(Teatro del Mondo, 1979), 알레시 사에서 생산된 커피 주전자인 “라 코니카(La Conica, 1982)” 에서도 마찬가지이다. 브로니 중학교의 출입구는 고전 사원의 시계로 장식된 파사드를 단순화 한 것이 특징이며, 이는 제노바의 대극장(1990)을 위한 로시의 디자인에서도 비슷하게 드러난다. 해변의 오두막집이나 전시 사례 등에서는 약간의 변화를 보였다. 〉그림 61, 62, 63 참고

유형에 대한 좀 더 고전적인 정의는 유연성을 강조한다. 19세기 초, 콰트르

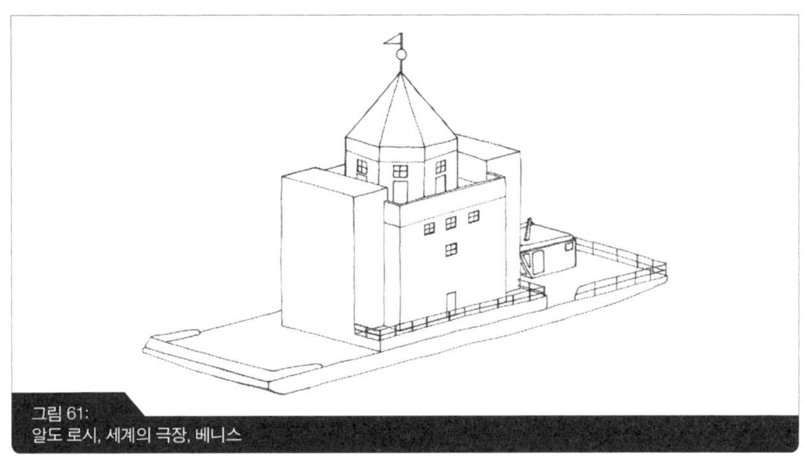

그림 61:
알도 로시, 세계의 극장, 베니스

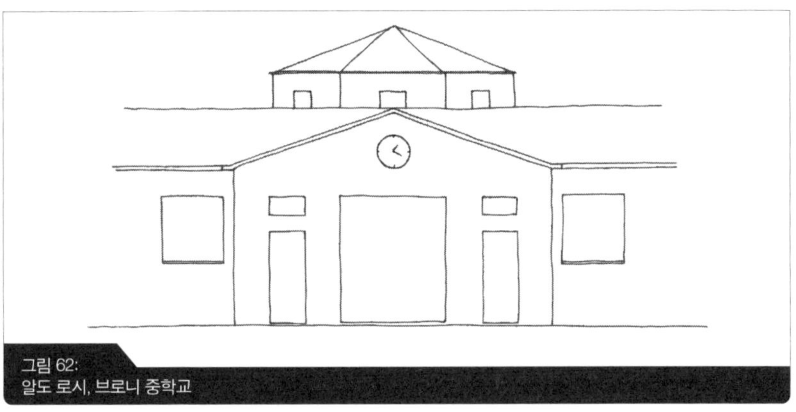

그림 62:
알도 로시, 브로니 중학교

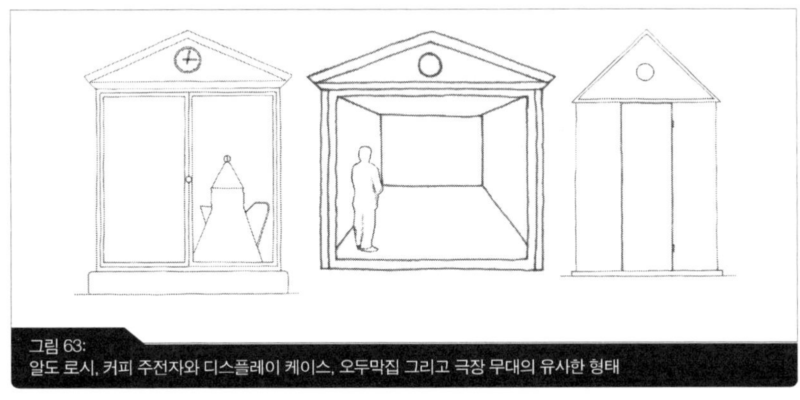

그림 63:
알도 로시, 커피 주전자와 디스플레이 케이스, 오두막집 그리고 극장 무대의 유사한 형태

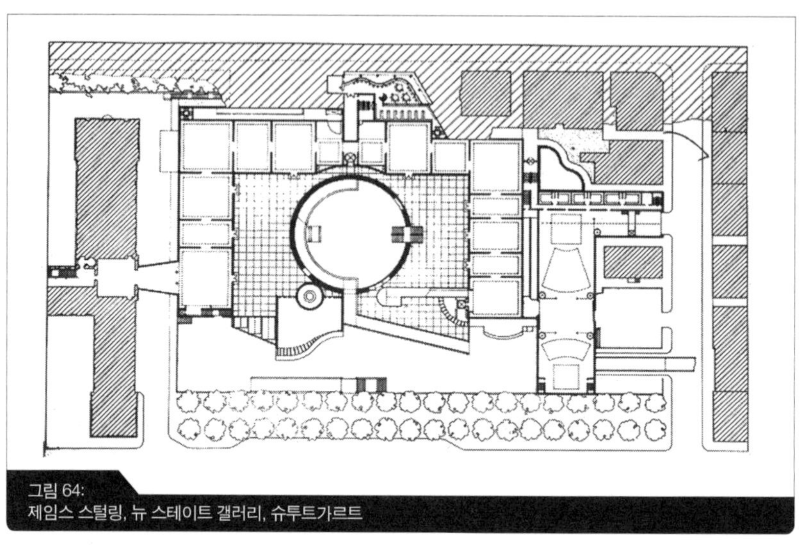
그림 64:
제임스 스털링, 뉴 스테이트 갤러리, 슈투트가르트

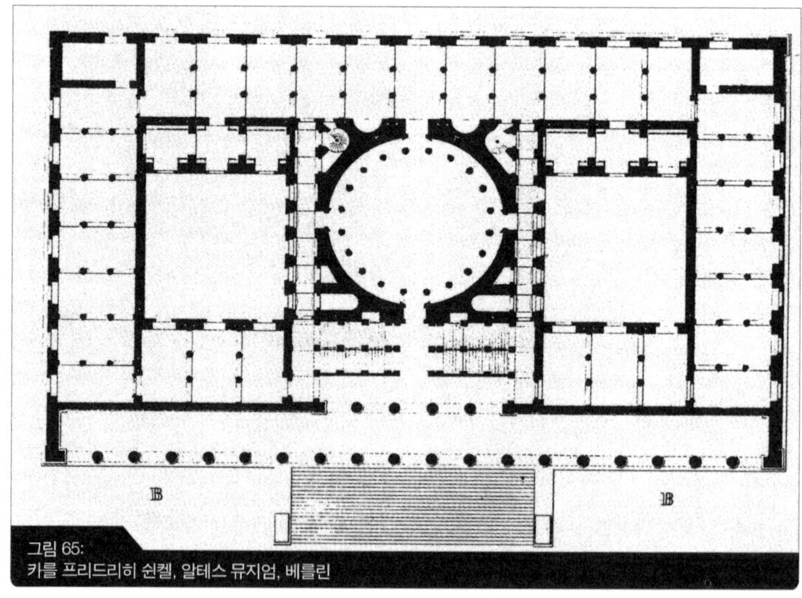
그림 65:
카를 프리드리히 쉰켈, 알테스 뮤지엄, 베를린

메르 드 퀸시(Antoine-Chrysostome Quatremere de Quincy)는 모형(model)과 유형(type)을 구별해냈다. "모형은 그 자체로서 반복되어지는 하나의 개체이며, 반면에 유형은 모형 다음에 나오는 것으로 서로 다른 아티스트들이 임대하는 예술로 그들 간에는 명확한 유사성이 없다. 모형의 모든 것은 명확하고 정확하다. 유형의 모든 것은 대체적으

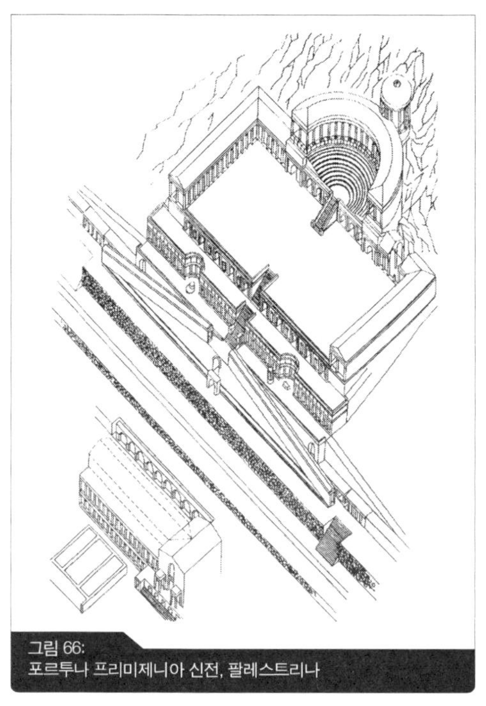

그림 66:
포르투나 프리미제니아 신전, 팔레스트리나

로 애매하다." 알도 로시의 고정적이고 목록화된 형태들은 모형으로 볼 수 있을 것이다. 반면 유형학에 근간을 두고 있는 대부분의 건축가들은 유형의 다양성과 그것들이 역사적, 사회적 상황에 영향을 받는 것에 흥미를 느낀다.

독일 슈투트가르트에 있는 제임스 스털링(James Stirling)의 뉴 스테이트 갤러리(Neue Staatsgalerie, 1978-83)는 포스트모던 유형학의 대표적인 디자인이다. 더 이상 단순화할 수 없는 형태를 고민하는 대신, 스털링은 결정할 수 없는 전체를 위해 두 개의 독립적인 유형학을 결합했다. 직사각형의 평면 안에 로툰다가 위치하는 구조는 카를 프리드리히 쉰켈(Karl Friedrich Schinkel)이 베를린에 있는 그의 알테스 뮤지엄(Altes Museum, 1823-30)에서 확립한 박물관 유형을 받아들인 것이다. 갤러리 앞의 가로를 따라 심은 나무들의 열은 쉰켈 뮤지엄의 이오니아식 기둥을 재현한 것이다. 반면, 스털링이 건물을 가로와 연결하기 위해 램프를 이용한 방식은 팔레스트리나에 있는 포르투나 프리미제니아 신전(Fortuna Primigenia, c. 80 Be)과 같은 것으로, 분명히 다른 유형을 보여주고 있다. 〉그림 64, 65, 66 참고

모순되는 유형학을 결합시키는 원칙은 언제나 인기를 끌었다. 이스탄불의 성소피아 성당은 한때는 바실리카였고, 십자형 교회였으며, 또한 중앙집중형 파

그림 67:
르 꼬르뷔제, 롱샹교회

르테논이었다. 이와 비슷하게 발타자르 노이만(Balthasar Neumann)의 독일 리히텐펠스 인근의 피어첸하일리겐에 있는 순례교회(1743-72)는 세로방향의 평면과 중앙 집중형 평면을 결합해서, 입구에서 보았을 때 교회는 측면의 회랑을 가진 바실리카처럼 보인다. 그러나 안쪽으로 진입할수록 기둥들은 방향을 바꾸어 중앙에 성자의 제단이 있는 공간을 집중적으로 보여준다. 르 꼬르뷔제의 프랑스 롱샹의 롱샹교회(1954)도 이와 같이 교회의 한쪽은 선형의 조직을 보이며 다른 한쪽으로는 십자형의 평면을 보인다. 〉그림 67 참고

로버트 벤츄리(Robert Venturi)의 첫 번째 건축물로 펜실베니아 체스넛 힐에 있는 그의 어머니의 집(Vanna Venturi House, 1962)은 의도적으로 모순되게 구성되었다고 해석할 수 있다. 설계 과정이 제대로 기록되어 있어서, 건축가가 계속되는 발상들을 꺼리지 않아 최종 안이 건설되기 전까지 기본적으로 다른 열 가지의 설계안을 고안했다는 것을 알 수 있다.

파사드는 이집트의 파일론, 바로크의 정문과 모더니즘의 띠형 창문에서 따온 적절한 사례들의 이미지를 결합했다. 〉그림 68 참고 주된 정면은 대칭적이며, 경사진 지붕과 커다란 굴뚝으로 인해 마치 어린이가 그린 집의 그림처럼 보인다. 그러나 정면의 한쪽 편에서는 꽤나 전통적인 형태의 정사각형 창문을 볼 수 있으며, 다른 한편에서는 르 꼬르뷔제의 빌라 사보아(Villa Savoye)에서나 볼 수 있을 법한 띠창이 보인다. 현관 너머의 아치는 마치 두 창 사이에 숨겨진 연관성이 있을 것처럼 보이게 한다. 양 쪽은 각각 다섯 개의 창을 가지고 있지만, 오른편의 창은 직선으로 배열되어 있으며 왼편은 네 개의 창으로 구성된 하나의 정사각형과 남은 하나의 창, 총 두 개의 사각형 배열을 보여주고 있다. 아치는 홀로 떨어져 있는 창의 모서리와 맞닿아 있어 오른편에는 이러한 정사각형의 창이 없다는 사실을 강조한다(d).

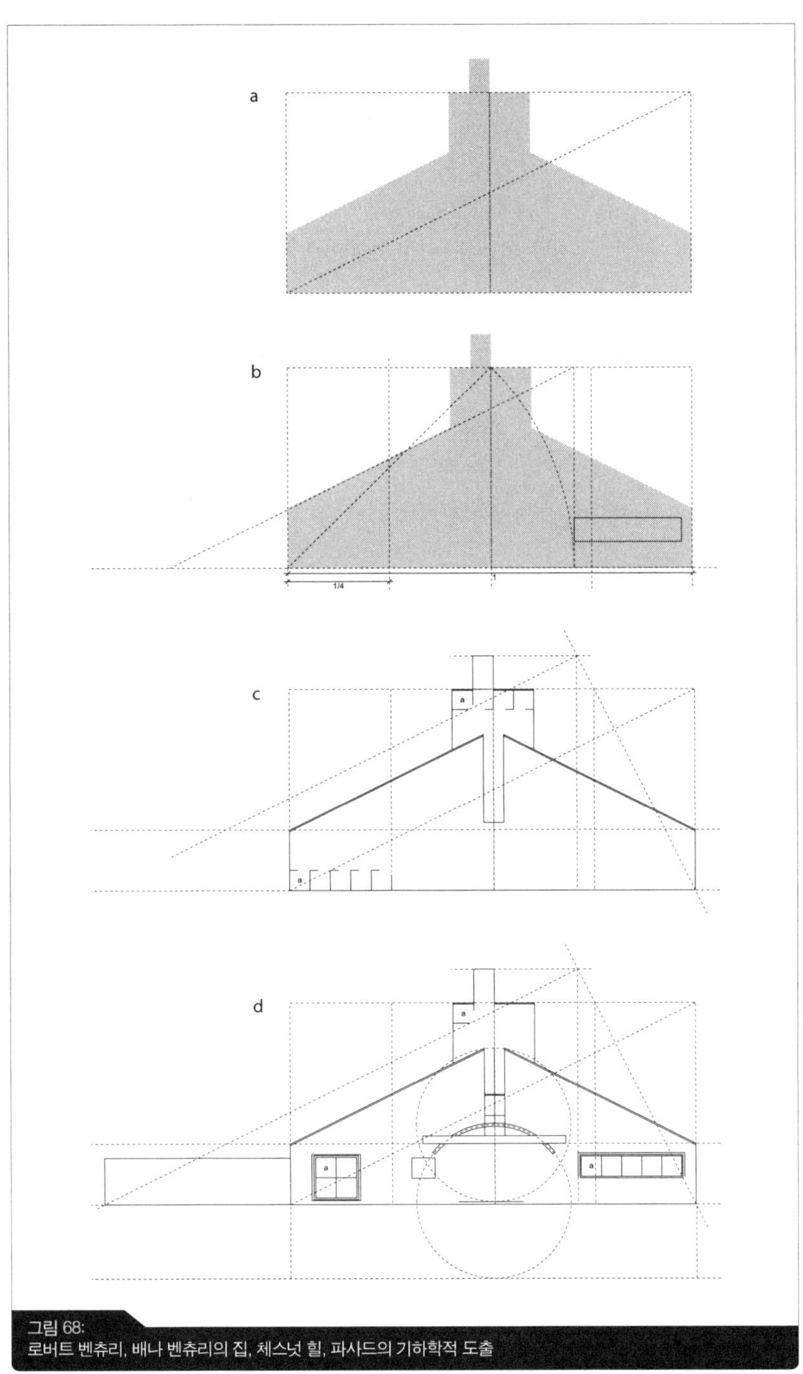

그림 68:
로버트 벤츄리, 배나 벤츄리의 집, 체스넛 힐, 파사드의 기하학적 도출

이 경우에 유형학과 형태학의 사례들은 기하학으로 다루어지기도 한다. 파사드는 측벽과 굴뚝의 대부분으로 만들어지는 두 개의 정사각형에 새겨질 수 있다(a). 여기에서 각각의 정사각형의 모서리를 돌려 직사각형을 만들게 되면, 창문의 위치를 얻을 수 있다(b). 지붕의 선은 처음의 두 개의 정사각형의 대각선을 직사각형의 모서리로 내린 선이다(c). 〉그림 68 참고

5.2 특정 모형의 변형

유형학적인 설계만이 선례에 대응하는 유일한 방법은 아니다. 건축가들은 구체적인 역사적 건축물을 설계의 시작점으로 활용할 수도 있다. 예를 들어 미스 반 델 로에의 1929년 바르셀로나 만국 박람회의 독일관은 건축적, 예술적으로 전례에서 많은 것들을 물려받았다. 비평가들은 미스의 건물에서 직각의 그리드에 벽들이 마치 독립적인 요소들인 것처럼 거리를 두고 배치되어 있는 평면이 데 스틸의 그림을 닮았다고 지적했다. 바르셀로나 파빌리온의 유리로 개방되어있는 모서리와 같은 특성들은 프랭크 로이드 라이트의 초원주택과 연결 지어 볼 수도 있다. 그러나 아마도 좀 더 중요한 것은 고전적인 전통일 수 있다. 파빌리온의 평면과 그 옆에 위치한 수영장의 평면 또한 아테네의 파르테논에서 찾아볼 수 있는 비례를 답습하고 있다는 사실은 우연이 아닐 것이다. 게다가 사원의 기둥들은 전시관의 벽과 일치하며, 파르테논의 신상 안치실의 벽은 미스의 설계안에서의 기둥들과 일치한다. 나아가서 파빌리온의 수영장 디자인은 파르테논의 성소(안채(adyton), 후실(opisthodomos))들 간의 분할을 따르고 있다. 또한 전시관은 여성의 조각상(by Georg Kolbe, 1929)을 가지고 있는데, 이는 그리스 사원의 아테나 파르테논의 조각상을 대체한다. 1929년의 전시에서 그리스의 자립형 기둥들의 열을 통해 보는 미스의 건축물의 정면은 오늘날에 보는 것 보다 이러한 고전적인 함축을 좀 더 분명하게 드러냈을 것이다. 〉그림 69 참고

선례들을 사용할 때는 익숙한 요소들을 단지 모방하는 것보다 변형하는 것이 중요해 진다. 선례의 응용에 대한 다른 예로서, 렘 콜하스(Rem Koolhaas and OMA)의 파리 근교의 빌라 달라바(Villa dall' Ava, 1991)를 생각해볼 수 있다. 〉그림 70 참고 이전의 빌라에서와 같이 렘 콜하스의 건축은 새로운 건축을 향한 르 꼬르뷔제의 건축의 5원칙(필로티, 자유로운 평면, 자유로운 입면, 띠창, 옥상정원)을 반영했다. 그러나 콜하스의 건축물에서 이러한 요소들은 조각들로 대체되었다. 그래서 빌라 사보아의 지상 층의 곡선 벽의 일부분은 빌라 달라바의 부엌 벽의 인테리어로 다시 드러난다. 르 꼬르뷔제의 빌라는 거의 정사각형인데 반해 캔틸레버 날개의 규모를 결

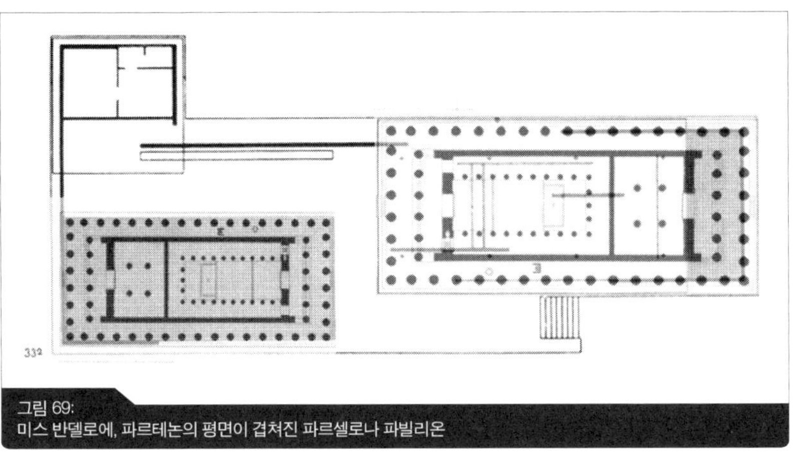

그림 69:
미스 반델로에, 파르테논의 평면이 겹쳐진 파르셀로나 파빌리온

정하기 위해 쿨하스는 꼬르뷔제의 기준선 이론에 따라 네 배로 분할된 황금 비율 그리드를 기반으로 다양성을 추구했다. 동시에 콜하스는 인용된 요소들을 변형했다. 옥상정원은 수영장으로 대체되었으며, 동양식의 침실 아래 필로티는 꼬르뷔제의 도미노 주택(Maison Domino, 1914)의 구조적 논리를 위반했다. 빌라 사보아를 변형하는 것은 꼬르뷔제의 빌라 또한 비첸차에 있는 팔라디오의 빌라 로툰다(Villa Rotonda)를 다양한 방법으로 변형해 인용했다는 점에서 일맥상통한다. 보르도에 있는 메종 르모앙(The Maison Lemoine, 1998) 또한 빌라 사보아의 다양한 응용으로 볼 수 있다. 빌라 사보아에서 르 꼬르뷔제가 르네상스 이론에서 지상 층의 견고한 벽과 위층의 피아노 노블레의 독립적인 기둥들의 위치를 바꿨다면, 콜하스는 그의 보르도 주택에서 꼬르뷔제의 디자인을 뒤집었다. 지상 층은 지하에 위치했으며, **피아노 노블레**(piano nobile)는 전면유리이고 고전적인 **코로나**(corona aedificii)는 허공을 맴도는 단단한 블록이 되었다. 빌라 달라바로 전례들은 다양한 방법으로 변형됐다. 몇몇 변형들은 좀 더 추상적이며, 몇몇은 직접적인 전례의 인용으로서 분명해 보인다. 최종적인 설계는 역사적 깊이를 보여준다. 〉그림 70 참고

피아노 노블레: 큰 건물의 주된 층, 특히 응접실이 있는 층으로 보통 2층을 가리킴
코로나: 건물의 천정 장식

선례는 꼭 권위 있는 건축의 명작일 필요는 없다. 아달베르토 리베라(Adalberto Libera)와 쿠르치오 말라파르테(Curzio Malaparte)가 카프리 섬에 지은 까사 말라파르테(The Casa Malaparte, 1940)는 일부분 선례에 기본을 두고 있다. 흔치 않게 길이가 줄어든 계단은 말라파르테가 유배당했던 리파리 섬의 시골 교회를 연상시킨다. 〉그림 71, 72 참고

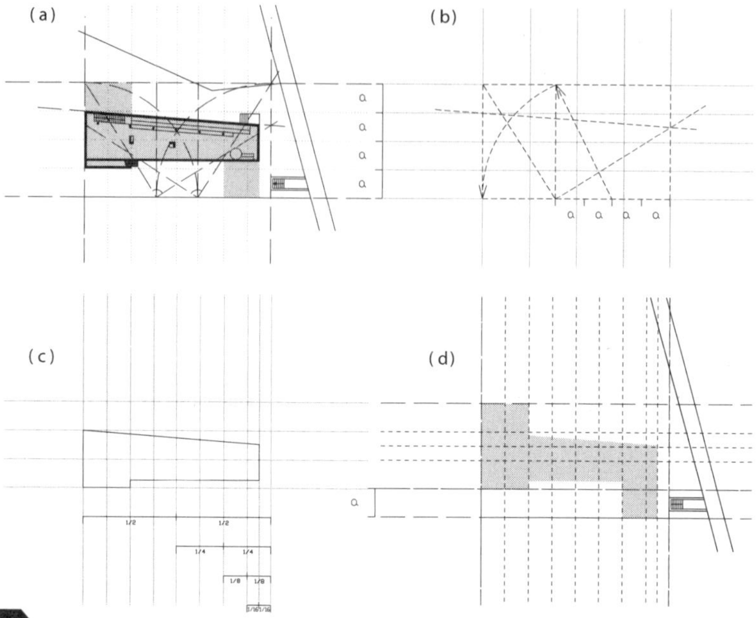

그림 70:
렘 콜하스, 빌라 달라바, 파리, 평면의 개략적 생성

그림 71:
아달베르토 리베라, 쿠르치오 말라파르테, 까사 말라파르테, 카프리

그림 72:
리파리 교회

건축가 헤르조그 드 뮤론(Herzog & de Meuron)은 종종 특정한 가치가 전혀 없는 요소들을 재이용한다. 그래서 스위즈 바젤의 슈트젠마트시트라세(Schutzenmattstrasse, 1993)의 주거 블록에서 그들은 그 도시의 맨홀 뚜껑에서 영감을 얻어 이를 확대시켰다. 미국 나파 밸리에 있는 도미노스 와이너리(Dominos Winery, 1998)에서는 알프스에서 일반적으로 사용되는 옹벽을 적용했다.

6. 사이트에 대한 반응

6.1 지역주의

지역주의 건축에서 건축가는 주변 환경의 필요성이 아니라 지방 혹은 국가적 차원의 특성을 채택하고자 한다. 그래서 건축가 아돌프 로스(Adolf Loos)는 오스트리아 쿠너 저택(Khuner House, 1929)을 지을 때 대부분 하얀 치장벽돌을 사용했음에도 어두운 나무를 이용해 벽을 디자인하였다. 〉그림 73 참고

지역주의 건축에서는 단순히 지속적인 지역 전통의 가능성뿐만 아니라 최적화된 기후, 조명상태, 온도, 습도 등의 이유로 현지 재료와 건설 기술에 주의를 기울인다. 하싼 화티(Hassan Fathy)는 지역주의 개척자 중 한명이었다. 이집트의 구르나 마을(New Gourna, 1948)을 위한 그의 건물들에서 그는 진흙벽돌 등과 같은 고대 시공 방식을 적용하였다. 그리고 벽돌 벽과 자연공조냉각을 위한 전통 안뜰을 적용하였다. 이러한 이점에 외에 지역주의 기술은 주민을 포함한 지역 인부를 디자인과 건설 과정에 참여시켜 저비용으로 완수하는 인상적인 결과를 이뤘다. 핀란드의 미코 하이키넨(Mikko Heikkinen)과 마르쿠 코모넨(Markku Komonen)에 의해 기니 말리에 지어진 빌라 에일라(Villa Eila, 1995)는 열대 서 아프리카의 해안의 강한 빛과 습한 공기에 반응한 지역주의의 예이다. 〉그림 74, 75 참고

아리에르 가르드: (전위에 대하여) 후위, (특히 예술계의) 시대에 뒤진 집단

아돌프 로스의 쿠너 저택은 재료에 관해서는 전통건축과 닮아있지만, 높은 지붕은 전통과 무관하다. 이런 점은 알렉산더 쵸니스(Alexander Tzonis)와 리안 르파브르(Liane Lefaivre)와 케네스 프램톤(Kenneth Frampton)가 이야기 한 "비판적 지역주의"로 볼 수 있다. 프램톤은 스스로 산업전기 이전과 계몽신화에서의 **아리에르 가르드**(arri-

그림 73:
아돌프 로스, 파예르바크의 주택

그림 74:
핫싼 화티, 벽돌 구조

그림 75:
하이키넨과 코모넨의 빌라 에일라

eregarde)를 자처한다. 비판적 지역주의는 자본주의적 근대화의 획일성에 저항하기 위해 지역의 국부적인 특이성에 집중한다. 그것은 세계 문화의 총체적인 스펙트럼을 해체하고 보편적인 문명을 비판한다. 보다 구체적으로 프램톤은 건축가에게 세계적 모더니즘의 추상적이고 일반적인 공법 대신에 지역 자재의 텍토닉한 사용을 권장한다.

마리오 보타(Mario Botta)가 1970~80년대 스위스의 타치노 지방에 지은 집은 비판적인 지역주의의 예로 들 수 있다. 르 꼬르뷔제에게 사사받은 보타는 단순하고 현대적인 기하학을 사용하면서 동시에 지역적인 색깔과 재료를 사용한다. 그래서 많은 그의 집들은 지역의 전형적인 특성인 줄무늬 벽을 모방하고 있다.

프램톤에 의해 정의되는 비판적인 지역주의의 중요한 예 중 하나는 1976년 요른 웃존(Jørn Utzon)에 의해 설계된 코펜하겐 근처의 바그스베르 교회이다. 그 건물을 가지고 프램톤은 의도적으로 보편적인 문명과 세계 문화를 종합한 관념을 설명한다. 건물의 프리캐스트 콘크리트 외장은 실용적인 시골 건물로 합리적인 보편적 문명의 예가 될 것이다. 곡물 창고 내부의 콘크리트 쉘아치형 천장은 서양의 구조뿐만 아니라 동양의 중국 탑 지붕의 선례에서도 보인다. 그 결과 요른 웃존은 현대 교회의 상습적인 표현과 감성적인 **하이마트슈틸**(Heimatstil)을 피하고 세속적인 시대의 영적인 것을 지역적으로 명료하게 표현할 수 있는 근간을 구축하였다. 〉그림 76, 77 참고

하이마트슈틸 : 풍토 양식

그림 76:
마리오 보타, 리골레또의 주택

그림 77:
타치노의 전통적인 건축술

6.2 맥락주의

지역주의가 땅에 반응하는 유일한 방법은 아니다. 포스트모더니스트 건축가 웅거스(O.M. Ungers)는 환경 형태학에 관한 다이어그램을 그리고 이를 바탕으로 1978년 힐데스하임 시청사 건물에서 유사한 특징을 가진 것을 모아 새롭게 조직했다.

비엔나에 있는 한스 홀라인(Hans Hollein)의 미디어 타워는 유형학적인 디자인에 반대되는 직접적인 예로, 빈의 도시 블록을 존중하지 않은 디자인 요소의 독특한 배합이다. 높은 유리타워를 제외하고 건물의 정면은 색, 비율, 개구부에 있어 주변 건물을 모방하고 있다. 홀라인은 외장을 다양하게 하여 주변과 어울리게 하였고, 길모퉁이에 위치한 유리박스를 비딱하게 하여 이목을 집중시켰다. 〉그림 78, 79 참고

추상적인 방법으로는 리처드 마이어(Richard Meier)의 프랑크푸르트의 아트앤크래프트 뮤지엄(Arts and Crafts Museum, 1980-84)이 있다(a). 〉그림 81 참고 그는 사이트에 있는 19세기 별장에서 4×4의 그리드로 정의되는 모듈을 도출했다. 그리드에서 그는 네 개의 모서리 타워들 중 하나인 오래된 건물에서 정사각형을 뽑았다. 그 코너들은 4개 광장의 형태인 보도에서 찾을 수 있는 2개의 주요한 축을 제안한다(b). 그러나 그 조합은 더 풍부하고 애매하다(d).

새로운 건물도 오래된 별장을 특별히 두드러지게 L자 형태로 조직된다(c). 이 L자 형태는 중앙의 두 중심축을 남서 방향으로 이동시킨다(e). 그러나 이목을 집중시키는 다른 특별한 요소도 있다. 그 하나는 축을 종료하는 안뜰이다. 열주의 내부가 모듈의 너비를 갖는 동안 그것은 열린 공간을 넓게 만드는 회랑으로 둘러

그림 78:
한스 홀라인, 미디어 타워, 비엔나

그림 79:
한스 홀라인, 인근 건물들의 파사드에 대응하는 미디어 타워

싸인다. 건물 단지의 중앙 비움으로 안뜰은 폭이 건물 폭의 1/3정도 되고 이는 9-정사각형 모양의 한부분이다.

함께 모아 생각해보면, 그것들은 원래의 그리드의 광장에 들어맞는 원을 정의한다.(f) 작은 단위로 나뉜 모습은 마이어가 소개하는 문맥상의 영향에서 기인한다. 서쪽으로 샤우마인카이(Schaumainkai) 거리를 연장하며 그는 그리드를 동쪽 문의 지점에서 약 3.5° 회전시킨다. 동쪽의 강의 굽어짐에 대응하여 마이어는 정반대 방향으로 평면을 회전시킨다. 〉그림 80, 81 참고

베를린에 있는 다니엘 리베스킨트(Daniel Libeskind)의 유태인 박물관(1989~2001)은 콘텍스트에 대한 해체주의 반응의 예이다. 마이클 하이저(Michael Heizer)의 네바다의 아홉 가지 슬픔(Nine Nevada Depressions, 1968)의 첫 번째인 대지 예술 프로젝트인 **리프트**(Rift)에서 영감을 얻어서 비록 이전 디자인에서 빛을 다루던 회법의 특징과 비슷하게 사용했지만, 들쭉날쭉한 형태는 주변에 바로크 박물관에 대응한 것이다.

리프트: (지면, 암석, 구름 사이로)갈라진 틈, 확장이 일어나는 부분에서 두 개의 단층사이에 생성된 골짜기

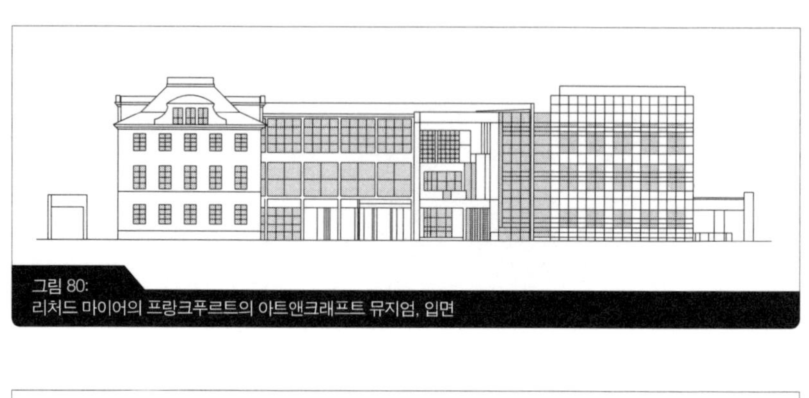

그림 80:
리처드 마이어의 프랑크푸르트의 아트앤크래프트 뮤지엄, 입면

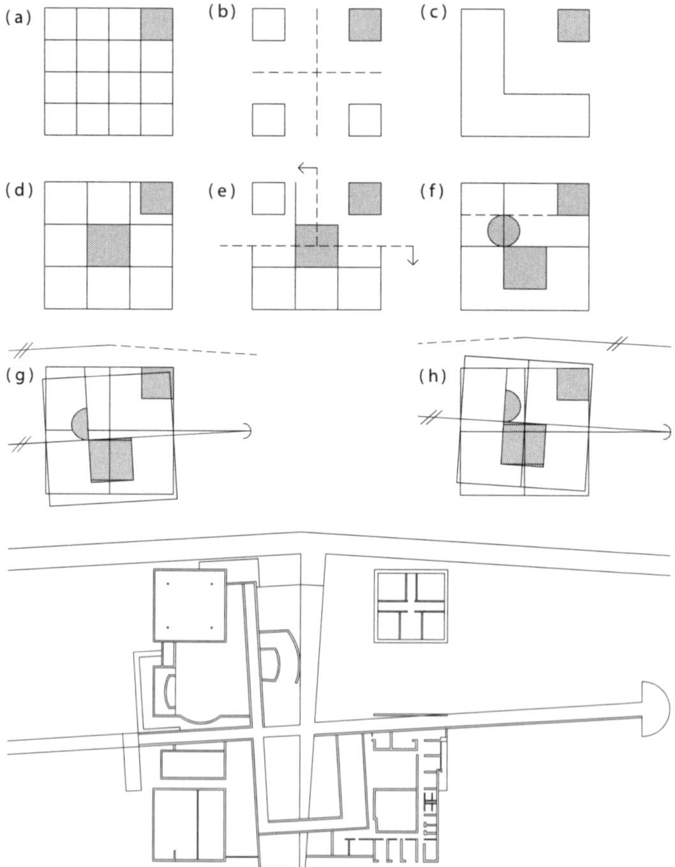

그림 81:
리처드 마이어 아트앤크래프트 뮤지엄 본관, 프랑크푸르트, 평면의 개략적 생성

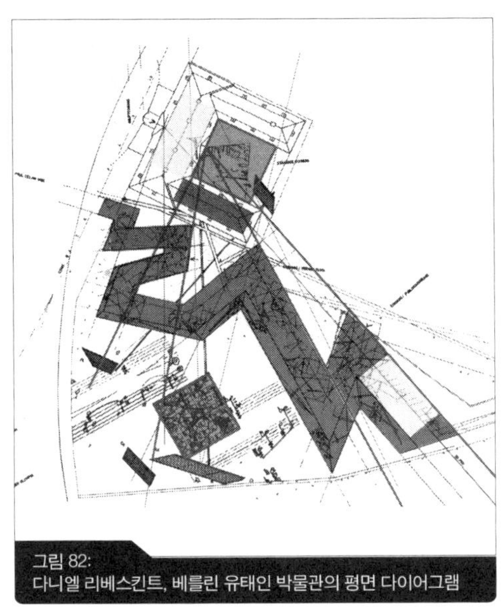

그림 82:
다니엘 리베스킨트, 베를린 유태인 박물관의 평면 다이어그램

바로크 양식의 예술은 대각선과 방사형 조직을 강조한다. 따라서 리베스킨트는 대부분의 측벽들이 기존 건물의 뒷면 중심으로 향하도록 건물을 만든다. 복도의 유무와 관계없이 새로운 박물관의 폭은 옛 건물부의 익부로부터 취한다. 리베스킨트의 호프만 가든은 기존 건물의 안마당 치수와 정확히 일치한다. 구성 역시 접근하기 어려운 보이드를 만드는 몇 개의 포인트에서 새로운 박물관을 가로지르는 축을 포함한다. 박물관 내에 있지 않은 축의 부분은 독립된 솔리드로 대체되어 나타난다. 〉그림 82 참고

7. 생성 과정

7.1 포개짐과 크기변화

1969년 MoMA 뉴욕 전시회를 시작으로, 리차드 마이어(Richard Meier)는 "뉴욕 파이브(New York Five)"라는 그룹에 속하게 되었다. 그룹에는 훨씬 더 엄격하고 복잡한 디자인 방법을 실험하는 피터 아이젠만(Peter Eisenman)도 속해 있었다. 의미가 없는 것은 언제나 안정적이고 결정가능하며, 체계적이지 않은 것은 폐쇄적이고 완전하다는 철학자 자크 데리다(Jacques Derrida)의 주장을 받아들여, 아이젠만은 수많은 디자인 방법들을 발전시켰다. 엄밀히 말하면, 그는 각각의 프로젝트를 위한 형식적인 문제들과 건축 이외의 정보를 서로 관계 맺게 하는 새로운 방법들을 만들어 냈다.

크기변화(scaling)는 아이젠만의 기법의 좋은 예이다. 크기변화(scaling)라는 용어는 구조의 해체를 따르는 프랙탈 기하학에서 온 것인데, 이것은 구조의 해체가 개념적 구조의 한계를 확장하는 것으로써, 아이젠만의 해체에 대한 개념은 데리다의 개념과 유사한 것이었다. 프랙탈에서 동일하거나 유사한 형태는 각각 다른 스케일로 반복되고, 스케일이 없는 것이 다른 어떤 것보다 더 현실적이고 근본적이라고 생각할 수 있다. 크기변화(scailing)의 시작점이 없는 것은 원천이 없다는 데리다의 주장을 떠올리게 했기 때문에 아이젠만의 눈길을 끌었다. 다른 건축가들

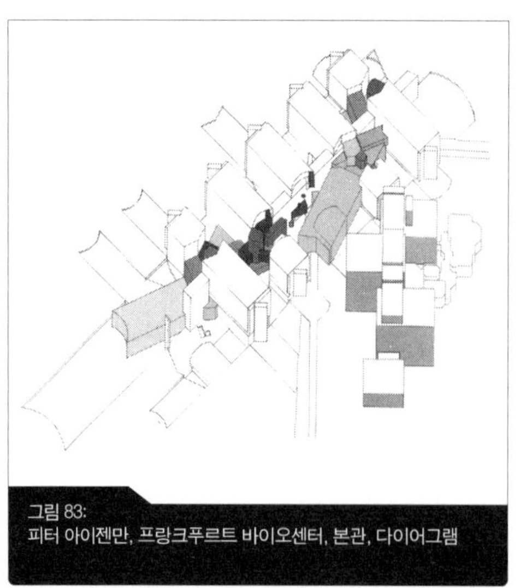

그림 83:
피터 아이젠만, 프랑크푸르트 바이오센터, 본관, 다이어그램

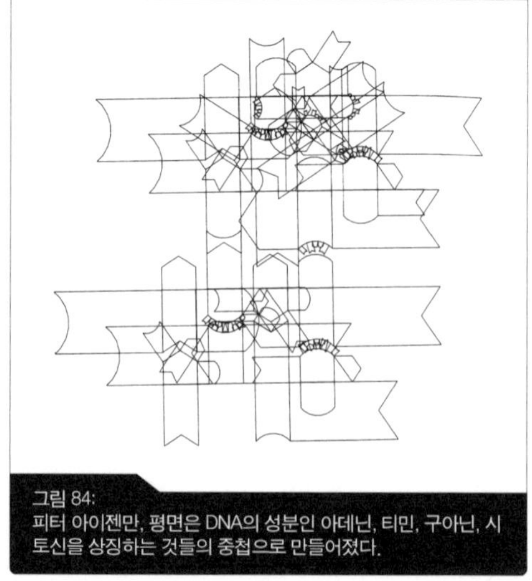

그림 84:
피터 아이젠만, 평면은 DNA의 성분인 아데닌, 티민, 구아닌, 시토신을 상징하는 것들의 중첩으로 만들어졌다.

과는 달리 아이젠만은 이러한 프랙탈을 그의 디자인에서 사용한 적이 없다. 대신 프랑크푸르트암마인에 있는 대학의 바이오센터를 위한 프로젝트(1987)에서 그는 몇 개의 그림을 골라 각각 다른 스케일로 그림들을 겹쳐 보았다. 그 결과로 복잡한 그물망 외에, 각각 다른 그림의 파편들로 조합된 형상을 골랐는데, 여기서 결코 새로운 선을 그리지는 않았다. 〉그림 83, 84 참고

아이젠만과 리처드 트로트(Richard Trott)에 의해 처음으로 지어진 대규모의 해

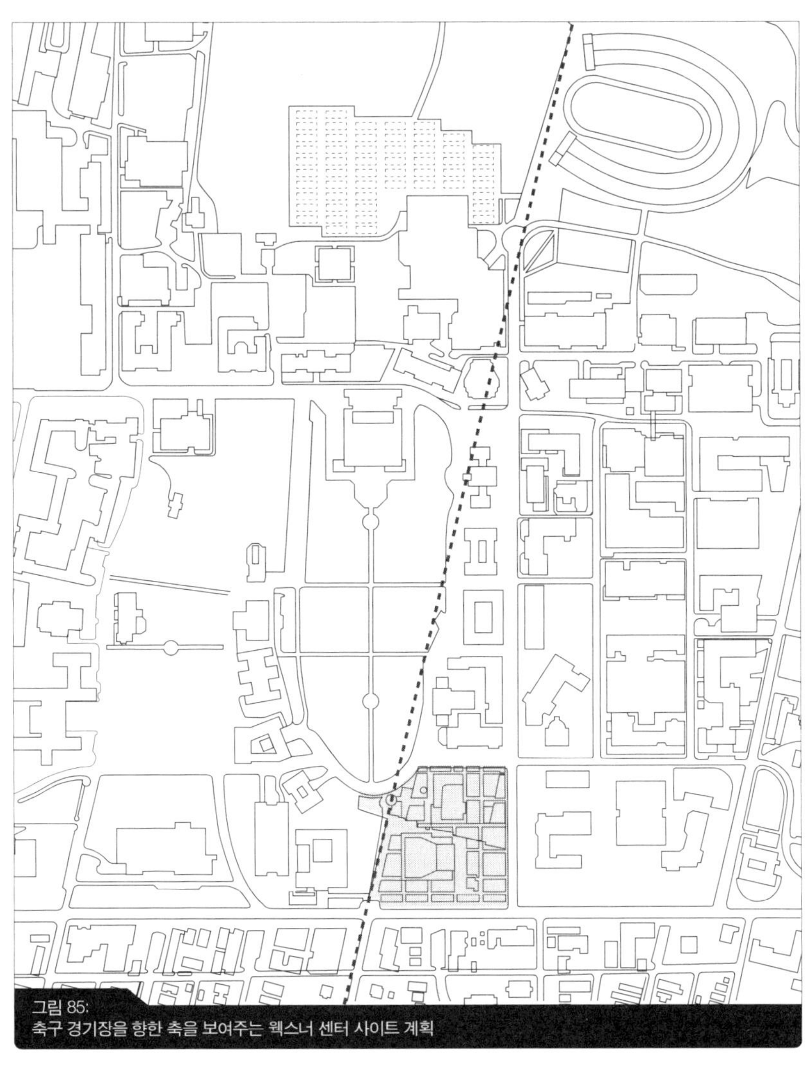

그림 85:
축구 경기장을 향한 축을 보여주는 웩스너 센터 사이트 계획

그림 86:
옛 병기고 (좌), 오하이오 주립대학 캠퍼스의 웩스너 센터

체주의 건물인 콜럼버스 오하이오 주립대학 웩스너 시각예술센터에서 포개짐(superposition)과 크기변화(scaling)의 사용을 통해 문맥주의의 관습적인 발상들에 대해 의문을 제기했다. 그 건물은 메카를 향해 있는 모스크와 같이, 오하이오 주립대학 캠퍼스 내의 인접한 주변 건물들 대신에 공간적 혹은 시간적으로 떨어져 있는 물리적 조건에 대응하였다. 웩스너 센터의 형식적인 해결법은 12.25° 기울어져 있는 콜럼버스 도시 가로의 격자체계를 대학 캠퍼스 내로 가져오는 것이었지만, 건물의 입지와 중심축은 몇 블록 떨어진 축구 경기장에 의해 결정되었다. 심지어 콜럼버스의 서쪽 80마일 부근에 대해서도 참고했다. 사이트의 북쪽 끝에서 두 격자체계의 복잡하지만 합리적인 충돌은, 아이젠만이 '그린빌 트레이스' 라고 부른 각각 반대 방향에서 오하이오 지역을 측량하는 두 측량가 집단이 완전히 서로를 놓쳤을 때 만들어진 제퍼슨 격자체계의 재사용으로 더욱 복잡해졌다.

아이젠만이 사이트의 오래된 건물을 모방할 때에 대상들은 일시적으로 개입하지 않는다. 포스트모던은 19세기 캠퍼스의 1958년에 이미 철거된 "오래된 병기고"와 같은 건물의 양식들을 재현했다. 이런 각기 다른 자료들은 복잡한 무늬를 만들어내기 위해 네 개의 각기 다른 크기변화(scaling)와 포개짐(superposition)이 복제된 개략적인 그림으로 기록된다. 합성된 그림에서, 아이젠만은 원본의 파편을 제안하기 위한 몇 개의 선들을 고른다. 〉그림 85, 86, 87 참고

7.2 모핑, 폴딩 그리고 살아 있는 형태

포개짐과 크기변화 이외에 아인젠만은 또한 주어진 이미지를 조작하는 다른 방법들을 실험했다. 1980년대 후반, 저렴한 소프트웨어 프로그램은 간단히 모핑(morphing)의 기술을 대중화 시킬 수 있었다. 둘 이상의 필수 이미지를 선택하여 점

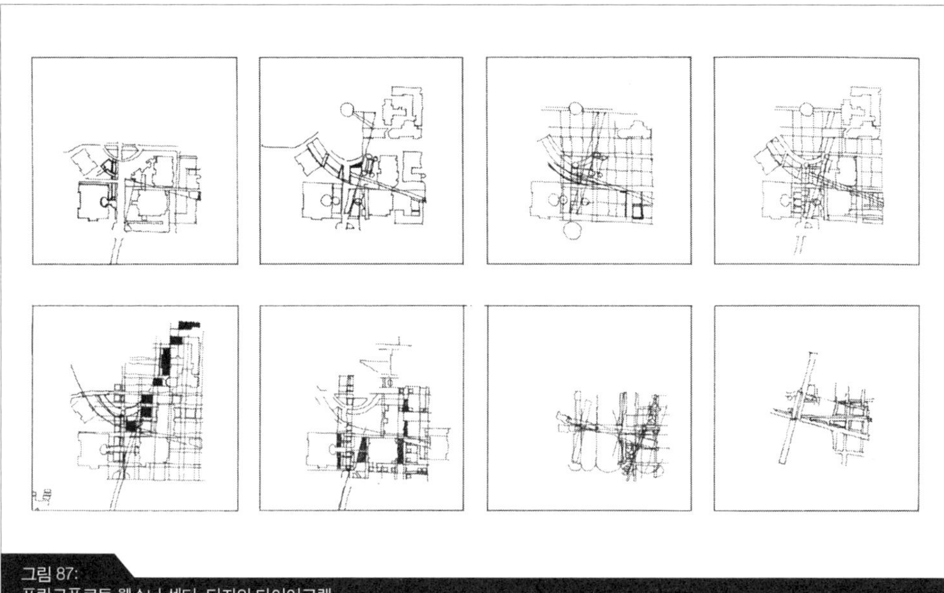

그림 87:
프랑크푸르트 웩스너 센터, 디자인 다이어그램

모핑(morphing) : 변형(metamorphing)의 약자로 어떤 형제가 서서히 모양을 바꿔 다른 형체로 탈바꿈하는 기법. 예를 들어 늑대의 얼굴이 인간 얼굴로 변하는 것을 말한다. 형체와 컬러, 디테일 등이 모두 바뀌어 완전히 다른 모습이 되나 그 이음새를 볼 수는 없다.

점 다른 이미지로 변형하는 것이다. 여기서 설계란 일반적으로 원본이미지를 더 이상 알아볼 수 없을 때까지 행해지는 변환과정의 몇몇 지점을 의미한다. 그들 사무실을 특징짓기 위하여 유엔 스튜디오(UN Studio)의 벤 반 버클(Ben van Berkel)과 캐롤라인 보스(Caroline Bos)는 다니엘 리(Daniel Lee)에 의해 사자, 뱀, 사람의 얼굴이 모핑되어 변형된 이미지를 "매니멀(manimal)"이라 언급했다.

더 깊은 의미에서, 모핑은 생물학자 달씨 웬트워스 톰슨(D'Arcy Wentworth Thompson)의 작업과 관계가 있다. 그는 1916년 과학적 형태학의 발전은 유사성을 인식하는 대신에 오직 유클리드 기하학과의 다른 점만을 강조하여 유기적인 형태를 보려하는 심리적 성향에 의해 위축되었다고 주장했다. 건축가 그레그 린(Greg Lynn)의 카디프, 웰쉬 국립 오페라 하우스(1994) 디자인에서 띠장들은 주요 형태의 유사성을 나타내기 위한 예이다.

폴딩(folding)이라고 알려진 또 다른 기술은 문자 그대로 종이접기의 종류 – 예를 들어 아이젠만의 프랑크푸르트에 있는 렙스톡 공원 프로젝트(1991) – 로 이해되기도 하고, 파국이론이나 카오스 이론의 적용으로 이해되기도 한다. 〉 그림 88, 89 참고

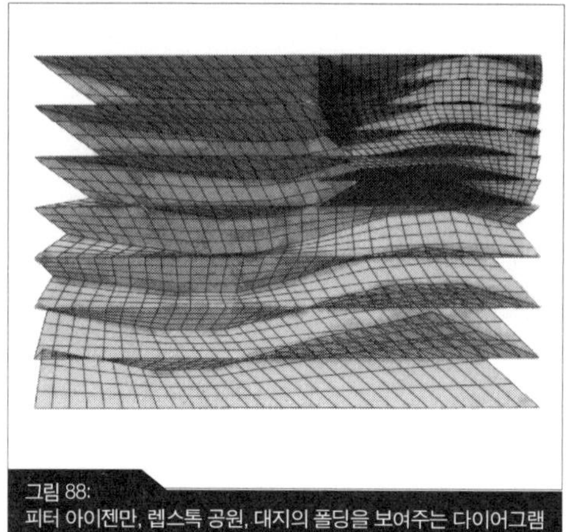

그림 88:
피터 아이젠만, 렙스톡 공원, 대지의 폴딩을 보여주는 다이어그램

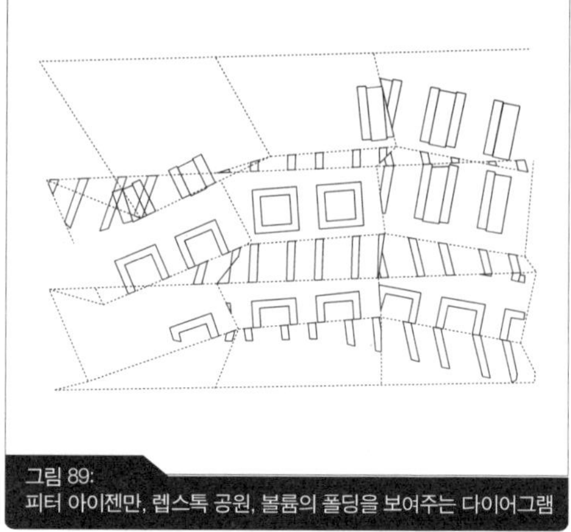

그림 89:
피터 아이젠만, 렙스톡 공원, 볼륨의 폴딩을 보여주는 다이어그램

원래, 르네 톰(Rene Thom)은 생물학적 형태생성을 수학적으로 이해하기 위해 파국이론을 발전시켰다. 특히 1990년대, 몇몇 아이젠만의 추종자들은 이 이론들을 형태생성에 적용시키기 위해 노력했다. 예를 들어, 그레그 린(Greg Lynn)은 건축 분야에 있어서 이제껏 보지 못한 예측할 수 없는 역동적인, 그러면서도 의미 있는 구조를 만들기 위해 빛의 조건과 같은 외부 정보에 의해 변화하는 이른바 "살아있는 형태"를 발전시켰다.

그레그 린의 미실현 프로젝트인 비엔나의 수소 하우스의 주요 아이디어 중 하나는 컴퓨터 프로그램에 의해 만들어진 가늘고 긴 곡선의 위상기하학적 연속면 위에 차량과 태양의 움직임을 기록하는 것이었다. 19세기 후반 에티엔느 줄 마레이(Etienne-Jules Marey)의 움직이는 사진과 같이 수소 하우스는 선들의 순서로 형태의 변화가 배열되는 움직임을 제안한다. 형태는 건물의 실제의 움직임에 있어서는 살아있지 않지만, 표면은 환경에 의한 움직임을 보여준다. 〉그림 90 참고

그림 90:
그레그 린, 수소 하우스, 모델

7.3 데이터스케이프

건축적 방법에 있어서 생성유도는 이미 MVRDV의 파트너인 네덜란드 건축가 뷔니 마스(Winy Maas)에 의해 해체 시스템과 설계 연구 접근법을 결합하고 종종 아이러니가 포함된 "데이터스케이프(datascapes)"라는 개념으로 또 다른 방향으로 진행되었다.

데이터스케이프(datascape)의 아이디어는 억제되지 않은 기술적 이성과 모더니즘에 대한 조롱이나 비판 사이의 미묘한 균형이다. 마스는 네덜란드의 건축 법규를 예를 들어 시작하여, 비상구 노선, 소음 분포 차트 또는 쓰레기 처리 시스템 등도 디자인으로 도입했다. 규칙 및 제약조건은 극단적으로 견고한 논리를 바탕으로 설정했다. 그 이유는 예술적 직감과 이미 알려진 형상을 뛰어 넘는 순수하고 예기치 못한 형태의 규칙을 제시하는 것이었다.

이 접근의 좋은 예는 1996년부터 진행된 MVRDV의 모뉴먼트 액트 2(Monuments Act 2)라는 프로젝트이다. 문제는 암스테르담 구도심의 밀도 때문에 새 건물이 거리에서 보이지 않게 된다는 점이었다. 0.8의 밀도를 가진 18세기의 전형적인 블록의 내부 법원은 주변의 거리로부터 시야를 따라 최대한의 볼륨으로 가득 차 있다. 중간에 결과를 보여주는 볼륨에 의해 놀랍게도 블록의 밀도는 열배 상승하여 7.8에 달한다. 분명히 이와 같은 데이터스케이프는 평범한 디자인은 아니다. 오직 하나의 변수(거리로부터의 가시성)만 만족하고, 의도적으로 어떠한 기능적 요구들 뿐 아니라 법적 기준들을 무시하기 때문이다. 〉그림 91 참고

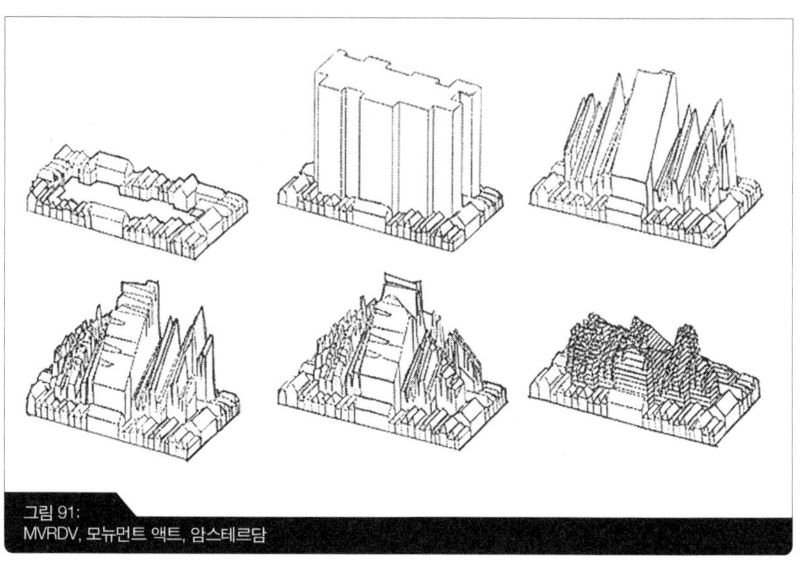

그림 91:
MVRDV, 모뉴먼트 액트, 암스테르담

7.4 다이어그램

해체주의적 장치나 데이터스케이프 대신에, 벤 반 버클(Ben van Berkel)과 캐롤라인 보스(Caroline Bos)는 조직성, 관계성, 가능성의 세계에 대한 생각의 추상화 도구로써 다이어그램(diagrams)을 사용했다. 질 들뢰즈(Gilles Deleuze)의 이론에 따라 그들은 "도식적이거나 추상적인 생산은 표상적이지 않다. 그것은 기존의 개체 또는 상황을 표상하는 것이 아니라, 새로운 생산수단이다"라고 설명했다. 그들은 플로우차트, 음악 표기법, 산업용 건물의 구조도면, 기술 매뉴얼에 있는 전기 스위치 다이어그램, 그림의 복제 그리고 임의의 이미지들과 같은 다양한 종류의 다이어그램을 사용한다. 그들의 기원과 관계없이, 버클과 보스는 다이어그램을 하부구조적인 움직임 지도로 파악했다.

네덜란드 구이(Het Gooi)에 있는 뫼비우스 하우스(The Mobius House, 1997)는 버클과 보스가 파울 클레(Paul Klee)의 그림을 포함하여 시작점으로 이용했던 다이어그램의 특성을 구현했다. 따라서 건물을 휘감는 곡선은 클레의 다이어그램에서와 마찬가지로 들락날락한다. 한쪽으로 치우친 면인 뫼비우스의 띠는 그 이름과 같이 색다른 다이어그램을 제안한다. 뫼비우스 띠의 실제 모델은 긴 종이의 한쪽 끝을 돌려 고리처럼 끝을 연결하는 것으로, 만들기 쉽다. 하지만 버클과 보스는 뫼비우스 다이어그램의 위상학적 성질을 재생산 하는데 그치지 않고, 변증법적 반대개념의

돌연변이와 관련된 것으로 해석한다. 뫼비우스 하우스에서 입면은 내벽이 되고, 유리와 콘크리트는 모든 변화의 방향들과 자리를 바꾼다. 계획된 프로그램에 따라 노동은 휴식과 이어지고, 구조적으로 하중을 받는 요소들은 하중을 받지 않는 것들로 전환된다.

뫼비우스 하우스는 서로 떨어져 있는 두 사람이 어떻게 하면 함께 살 수 있는지 두 경로를 뒤얽는 방법으로 생활, 노동, 수면의 24시간 주기로 고안되었다.

〉 그림 92, 93 참고

건축가이자 이론가인 더글러스 그라프(Douglas Graf)는 비구상적인 다이어그램에 대한 개념을 기반으로 전체적인 디자인 이론을 발전시켰다. 그라프에게 있어서 다이어그램은 건축 구성의 구성요소를 확인시켜주는 유형학들 간의 조화, 특히 건축 부분에서의 담론을 구성하는 일반적인 특징들, 특정 건물이 가진 특정한 성질들의 대립관계, 안정된 배치 상태와 역동적인 활동 상태의 대립관계를 조화시켜주는 장치이다. 그라프를 이해하기 위해서는 특정한 예시를 살펴보는 것이 좋겠다. 예를 들면 프랭크 게리의 아직 지어지지 않은 프로젝트인 패밀리안 하우스(Familian House, 1978)를 보고 그라프는 게리의 의도를 재구성하려는 시도는 하지 않았지만, 이 계획이 중심과 주변의 관계, 개방과 폐쇄의 관계를 어떻게 재미있게 풀었는지를 명확히 하였다. 〉 그림 94 참고

이 집은 정사각형의 파빌리온과 긴 사각형 건물로 구성되어 있다. 파빌리온은 더 큰 볼륨을 가진 만큼, 주변에서 보았을 때 시야의 중심에 위치하고 있다. 먼

그림 92:
유엔 스튜디오, 뫼비우스 하우스의 다이어그램으로 쓰인 폴 클레의 그림

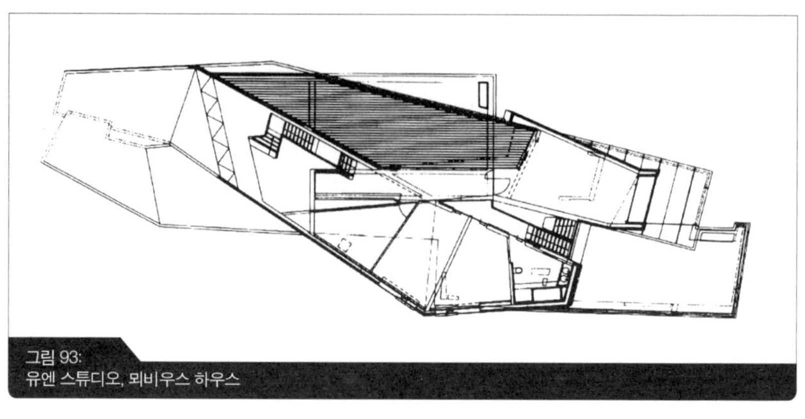

그림 93:
유엔 스튜디오, 뫼비우스 하우스

저 긴 사각형을 자세히 살펴보자. 〉그림 95 참고 무한한 선은 균일한 점들로 이루어졌다고 볼 수 있지만 유한한 선은 그렇지 않다. 끝점은 다른 점들과 다르며, 중점에 대한 더 많은 암시를 한다(a). 게리는 어떤 선형 구조에나 존재하는 서로 다른 조건들에 대해 알고 그 긴 사각형 건물을 만들었다. 그는 긴 사각형 건물의 중심을 비우고, 사각형의 양쪽 단변을 각각 다른 방법으로 표현하였다. 한쪽은 완벽하게 닫혀있고, 다른 쪽은 분해하지 않는 한 열려있는 것이다(b). 이러한 열림과 닫힘의 대립은 사각형의 장변을 따라 반복되어 나타난다. 정사각형 파빌리온을 마주하고 있는 장변은 매끄럽고 닫혀있는 반면, 그 뒤의 변은 발코니와 계단과 같이 튀어나온 요소들이 있다. 이렇게 튀어나온 요소들은 긴 사각형 내부 공간 레이어에 대응하는 복도 레이어로 정의된다. 게리는 중앙 홀을 대칭적으로 구성할 것을 제안했지만, 결국 비대칭적인 구성이 된다. 〉그림 94 참고 긴 사각형의 끝에 위치한 정육면체의 볼륨(c)을 가진 테라스는 정사각형의 파빌리온에서도 다시 나타난다.

패밀리안 하우스의 디자인은 게리답지 않게 일관성 있는 기하학적 레이아웃을 보여준다. 브리지의 무작위적인 각도와 돌아간 사각형의 형태는 정오각형에서 기인한 것으로 보인다. 두 개의 동일한 오각형을 그리면서 우리는 파빌리온을 긴 사각형 건물과 중앙 홀과 연관 지어 볼 수 있다. 긴 사각형 건물의 중심축을 길게 확장시킨다고 생각했을 때 파빌리온의 중심축은 긴 사각형 건물의 중심축과 교차한다. 현관은 긴 사각형 건물의 끝에 있는 발코니에 대응된다. 긴 사각형 건물의 너비는 같은 크기변화에서의 길이와 관련이 있다. 긴 사각형 건물의 대각선은 파빌리온의 측면과 평행하다(e).

패밀리안 하우스의 스타일이나 형식언어는 게리만의 독특한 해체주의적 브

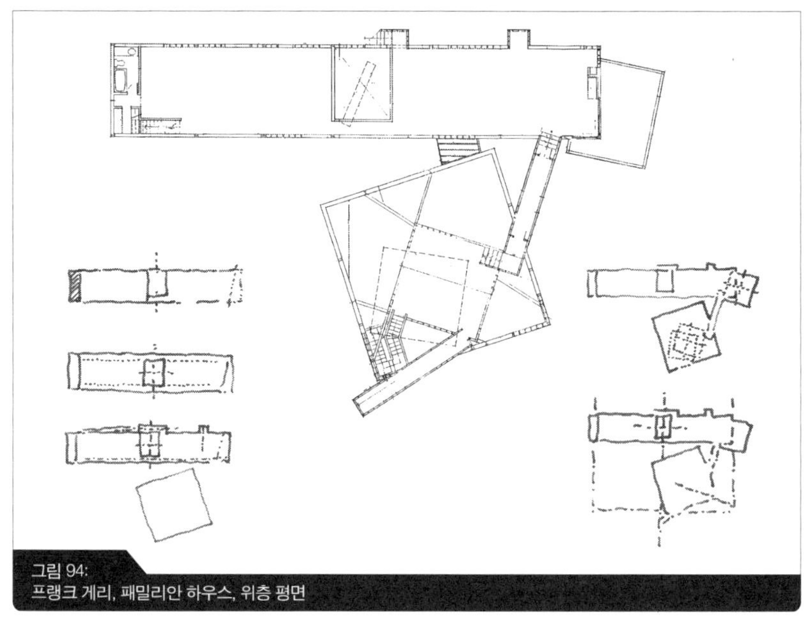

그림 94:
프랭크 게리, 패밀리안 하우스, 위층 평면

랜드를 대표하는 반면에, 그 디자인이 이야기하고자 하는 주제는 건축분야에서 계속 반복되는 것이다. 그라프는 예를 들면 페르가몬의 고대도시와 꼬르뷔제의 롱샹 예배당에서 비슷한 질문과 해답을 찾을 수 있다는 것을 보여주었다. 응급 센터, 원자력 센터를 포함하는 같은 형식의 모티프, 가장자리와 대상간의 대립, 대칭, 부정은 많은 다양한 범위에서 추구되고 있다.

7.5 파라메트릭 디자인

파라메트릭 디자인(parametric design)은 몇몇의 독립적인 변수에 따라 선택되고 조직적으로 바뀌게 된다. 이는 하나의 개체가 아니라 여러 가지 다양한 가능성들을 제시한다. 일반적으로 파라메트릭에 사용되는 변수들은 기하학적이다.

기하학적인 형태형성은 일반적으로 최근에 시행되고 있는 컴퓨터 디자인에서만 언급된다. 그러나 이와 유사한 아이디어는 이 책의 앞부분에서 이미 언급되었다. 가우디는 독특한 유기적 형태만을 제안한 것이 아니라, 현대 디자이너들처럼 이것을 최대한 효율적으로 만들기 위한 합리적인 방법을 사용하였다. 바르셀로나 근교의 콜로니아 구엘 교회(1898-1915)에 사용된 무게를 지탱하는 추를 메달아 놓은 모델은 가우디의 기하학적 디자인의 가장 좋은 사례이다. ›그림 96 참고

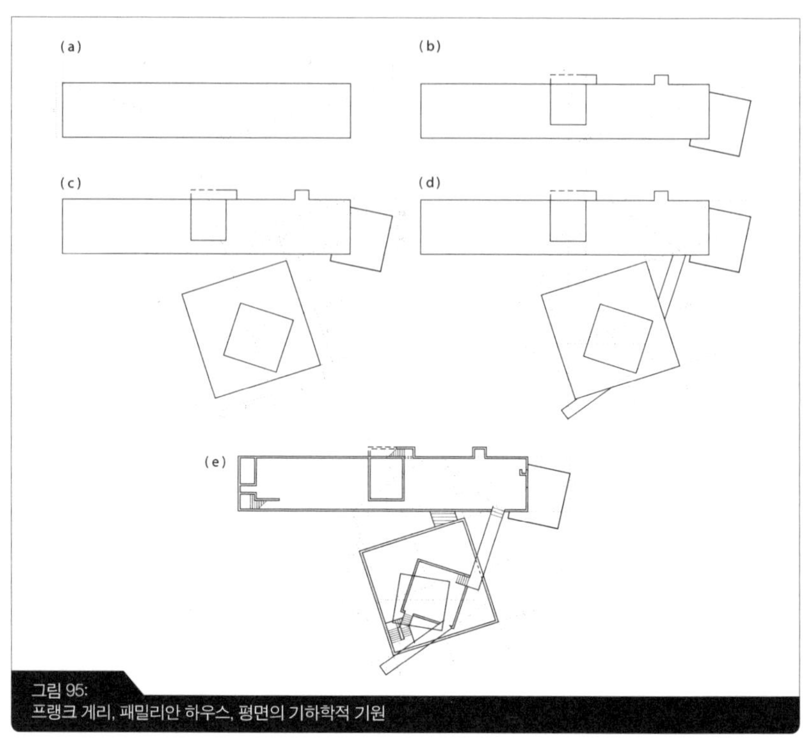

그림 95:
프랭크 게리, 패밀리안 하우스, 평면의 기하학적 기원

이 방법이 어떻게 작용하는지 이해하기 위해서는 현수선의 원리에 대해서 알아야 한다. 완벽하게 유연하고 균질한 끈의 끝이 매달려 있으며 중력이외의 어떠한 힘도 작용하지 않는다고 가정하여 생기는 선이 현수선이다. 이러한 형태는 미국 샌프란시스코의 골든게이트와 같이 도로의 무게가 케이블에 고르게 분산되는 서스펜션 브리지에서 보인다. 현수선에 매달려 있는 체인에는 오직 인장력만이 존재한다. 그러나 이러한 형태가 180° 반전되면, 오직 압축력만이 작용하는 아치형태가 만들어 진다. 다시 말해, 재료의 하중은 수평력의 형성 없이 곡선을 따라서만 작용한다. 미국에 있는 에로 사리넨(Eero Saarinen)의 세인트루이스 게이트웨이(Gateway Arch in St. Louis, 1947-1966)는 거의 정확한 현수선을 나타낸다. 〉그림 97 참고

비록 아치가 이것을 무너뜨릴 가로 방향력을 형성하지 않는다 하더라도 이것은 바람과 같은 힘에 의해서 쉽게 무너질 수 있는 이차원적 구조이다. 이런 이유로 건축적 아치 볼트를 만들어 내기 위하여 크테시폰의 그레이트 아치(400 AD) 〉그림 98 참고 에서 보는 것과 같이 수평으로 돌출 시키거나 1673년 크리스토퍼 렌(Christopher Wren)이 디자인한 런던 세인트폴 대성당의 내부와 같이 현수면 돔을 만들

기 위해 중심축을 따라 회전 시킨다.

가우디는 현수선을 이용해 교회의 삼차원적 건축물을 만들어 이상을 실현하고자 하였다. 고대 로마의 건축물, 아치, 볼트, 돔은 일반적으로 원형에 기초한다. 고딕 석공들은 아치나 볼트를 더욱 날렵하게 만들면서 가로 방향력이 비슷하다면 적은 재료를 이용하여 스팬을 더 넓게 만드는 것이 가능함을 깨달았다. 여전히 고딕양식이나. 끝이 뾰족한 아치는 완벽하지 못하다. 가로 방향력에 대응하기 위해 고딕 석공들은 건물 외부에 플라잉 버트레스(첨두아치)를 만들었다. 그러나 아치나 볼트, 돔은 추가적인 장치를 필요로 하지 않는다.

가우디의 대형 교수형 모델(4×6 m)은 현수선에서 기인한다. 그는 현의 비가중 시스템과 다양한 길이, 연결점, 무게 등을 이용했다. 매개변수의 디자인과 같이 모든 부가적인 연결과 무게는 전체 표면의 형태를 크게 변화시킨다. 가우디는 개개의 배치를 기록해 두고 그가 찾는 공간 효과가 나오는 것을 선택하였다. 이 방법은 컴퓨터의 도움 없이도 거의 완벽하게 복잡한 형태를 만들어 낼 수 있게 하였고, 이 기하학 구조가 거꾸로 되었을 때 순수한 압축력으로 작용할 수 있게 하였다. 〉그림 99 참고

그림 96:
안토니 가우디, 콜로니아 구엘, 지하실 단면

그림 97:
에로 사리넨, 세인트루이스의 게이트웨이

그림 98:
크테시폰의 아치, 커티너리 볼트

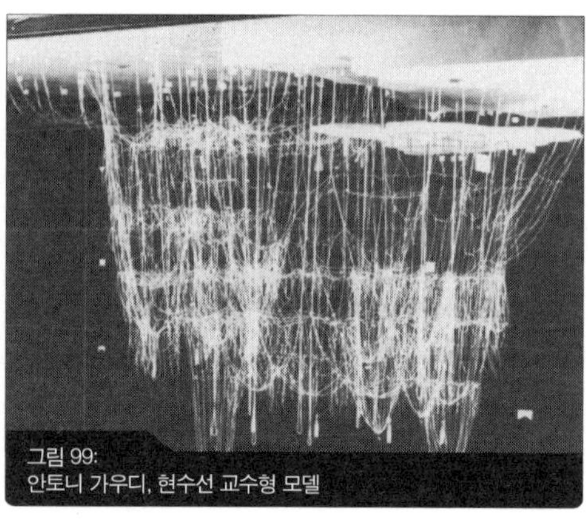

그림 99:
안토니 가우디, 현수선 교수형 모델

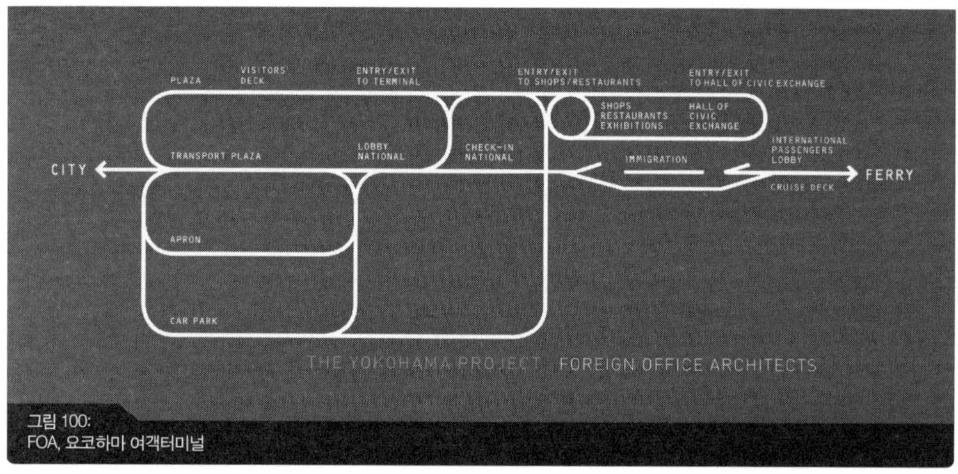

그림 100:
FOA, 요코하마 여객터미널

가우디의 현수 모델이 유형학적 구조로 최적화 되는 동안 FOA(Foreign Office Architects : 파시드 보사비(Farshid Moussavi)와 알레한드로 자에라 폴로(Alejandro Zaera-Polo))에서 다음의 세 가지 요소의 상호작용에 의거하여 요코하마 여객터미널(Yokohama Port Terminal, 1996-2001)을 디자인하였다. 프로그램, 도시적 맥락, 재료의 성질이 그 세 가지 요소이다. 여객 터미널로 이용되므로 건축가는 이 건물에 순환적으로 프로그램을 구성하였다. 일반적으로 터미널은 도착하는 사람들과 출발하는 사람들을 위해 별도의 출구를 만들지만 FOA는 확실히 구분된 출구가 아닌 하나의 커다란 필드를 원했다. 그들은 보행자, 차량, 트럭 등의 동선을 구분하고 각각의 순환을 형성하였다.

〉그림 100 참고

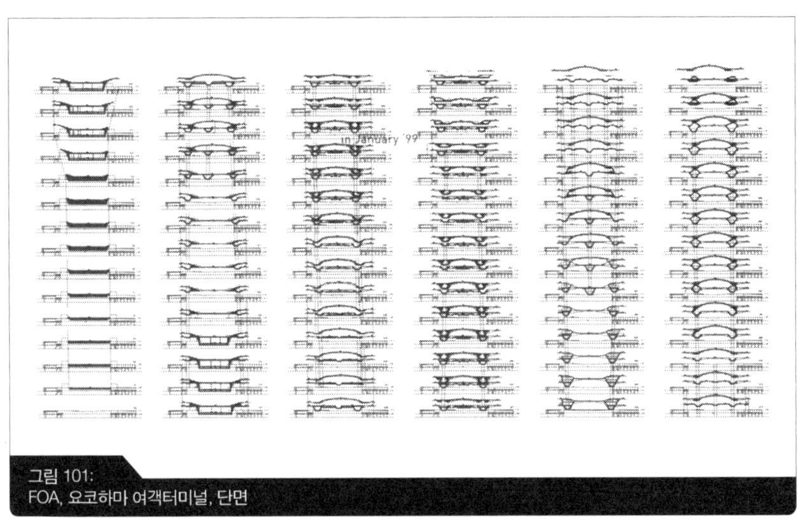

그림 101:
FOA, 요코하마 여객터미널, 단면

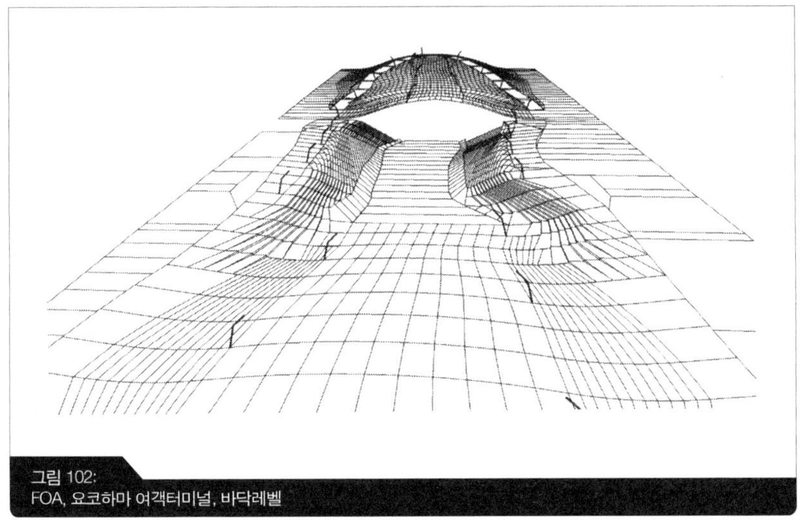

그림 102:
FOA, 요코하마 여객터미널, 바닥레벨

또 한편으로 바닥을 자유롭게 계획하여 작업장과 부두를 자연스럽게 넘나들 수 있도록 복합화 하도록 하였다. 그리하여 부두에서부터 멀티레벨까지 그라운드 레벨이 유기적으로 연결되는 접힌 형태가 나타났다. 세 번째 작업은 구조적으로 콘크리트, 유리 등의 재료가 가진 가능성을 연구하는 것이었다. 그중 가장 중요한 것은 스팬과 캔틸레버가 가능한가에 대한 것이었다. 〉그림 101, 102 참고 파라메트릭 디자인에서 건축가는 탑다운 방식이 아니라 컴퓨터 알고리즘에 따라 나타나는 변수를 누적 계산하는 보텀업 방식을 사용한다. 이러한 디자인 프로세스는 이밖에도 다양한 영향을 미친다. 건축가는 개개의 건물을 디자인 하는 대신 특정한 문맥과 건축주의 요구에 따른 기본적인 건물 타입을 만들어 낸다. 1990년 후반에 지어진 카스 오스터하이스(Kas Oosterhuis)의 배리어매틱 하우스(Variomatic House) 디자인에서 건축주는 게임과 같은 인터페이스를 통해서 주문 제작할 수 있었고 수정된 시방서를 집의 구성 요소를 생산하는 회사에 바로 전달하는 것이 가능했다. 파라메트릭 디자인은 주문제작의 대량화와 컴퓨터 제작이 함께 이루어질 수 있으며, 건축주의 요구를 충족시키면서도 전통적인 건축디자인의 특징이기도 했던 비용절감의 효과가 있다. 건축주를 적극적으로 참여하게 함으로써, 파라메트릭 디자인은 건축디자인의 새 장을 열었다.

8. 결론

서로 다른 디자인 작업은 별개의 방법에 의해 이루어진다. 오래된 도시구조에 새로운 주거 블록을 만들 때, 콘텍스트를 중시하며 작업을 진행하여야 한다. 이와는 반대로 초현실주의나 해체주의를 포함하는 사행적 시스템은 독특한 형태를 만들어내는 경향이 있다. 이와 같은 형태는 앞서 말한 문맥 보다는 그들 스스로에게 더 집중되어 디자인 되며, 많은 건축 비용이 든다. 모듈러를 이용한 접근 방식은 디자인 예산을 절감할 수 있다. 기존의 것을 변형하는 것은 복잡한 프로그램을 사용자가 이해하기 쉽게 만드는 효과적인 방법이 될 수 있다. 계획단계에서 이용자의 참여는 좋은 결과를 가져올 수 있다. 다양한 요소들을 연속적으로 디자인해야 할 경우 매개변수 디자인은 가장 확실한 방법이다. 여러 가지 방법들은 각각의 장점과 한계를 가진다.

또 하나의 방법은 직관에 의한 것이다. 프랭크 로이드 라이트를 비롯한 몇몇 건축가들은, 꿈을 통해서 디테일을 비롯한 그들의 디자인을 얻는다고 한다. 이것이 사실이건 그렇지 않건 간에 이러한 영감만으로는 충분하지 않다. 철학자 칼 포퍼(Karl Popper)에 따르면 우리는 발견하는 것과 정당화 하는 것을 구별할 수 있다. 뉴턴은 자신의 머리위로 떨어진 사과에서 영감을 받아 중력의 법칙을 만들어냈다. 그러나 이 이론이 정당화 될 수 있었던 이유는 뉴턴이 이를 뒷받침 해줄 수 있는 객관적인 사실과 여러 가지 다른 이론들을 명확히 알고 적용하였기 때문이다. 1854년 루이 파스퇴르(Louis Pasteur)는 "기회는 준비된 자를 찾는다."라고 말하였다.

자신의 분야에 탁월한 지식을 가지고 있기 때문에 의식적으로 심사숙고 하지 않더라도 빠르게 올바른 결론을 이끌어 낼 수 있는 사람에게 직관은 종종 전문지식이라고 표현되기도 한다. 이 같은 관점에서 볼 때 직관은 건축가에게 있어서 필수적이다. 이는 기다림 없이도 복잡한 디자인에 대한 영감을 얻을 수 있게 한다. 그렇다고 해서 그들이 좋은 해결방법을 구할 때 자동적으로 나타나는 것은 아니다. 어떤 디자인이 최상의 것인지 알기 위해서 건축가는 건축에 대한 담론을 내면화 하여야 하며 사회적으로 건축이 어떠한 역할을 해야 하는지를 이해할 필요가 있다. 이러한 이해가 건축적 지식을 견고히 하는 것이다.

부록

참고문헌

Christopher Alexander: *A Pattern Language: Towns, Building, Construction,* Oxford University Press, New York 1977

Peter Eisenman: *Diagram Diaries*, Thames & Hudson, London 1999

Foreign Office Architects: *The Yokohama Project*, Actar, Barcelona 2002

Jacqueline Gargus: *Ideas of Order*, Kendall-Hunt, Dubuque, Iowa 1994

Douglas E. Graf: *Diagrams*, in: Perspecta Vol. 22, 1986, pp. 42–71.

Bill Hillier, Julienne Hanson: *The Social Logic of Space*, Cambridge University Press, Cambridge 1988

Greg Lynn: *Animate Form*, Princeton Architectural Press, New York 1999

William John Mitchell: *The Logic of Architecture*: Design, Computation, and Cognition, MIT Press, Cambridge, Mass. 1990

Elizabeth Martin: *Architecture as a Translation of Music*, Princeton Architectural Press, New York 1996

Mark Morris: Automatic *Architecture, Design from the Fourth Dimension*, University of North Carolina – College of Architecture, Charlotte 2006

Colin Rowe: *The Mathematics of the Ideal Villa and Other Essays*, MIT Press, Cambridge, Mass. 1988

Robert Venturi: *Mother's House. The Evolution of Vanna Venturi's House in Chestnut Hill*, Rizzoli, New York 1992

그림출처

그림 35, 36, 61, 62, 63, 68, 85, 94, 95	Stefan Arbeithuber (Drawings)
그림 20, 71, 72, 73, 74, 75, 78, 79, 97, 98	Kari Jormakka (Photographs, drawings)
그림 19, 70, 80, 81	Claudia Kees (Drawings)
그림 1, 5, 10, 14, 38, 82, 86	Dörte Kuhlmann (Photographs, Drawings)
그림 70, 83, 84, 87, 88, 89, 91	Marta Neic (Redrawings)
그림 11, 12, 17, 18, 21, 45, 51, 65, 66, 69, 101, 102	Alexander Semper (Redrawings)
그림 13, 15, 16, 23, 26, 31, 32, 54, 55, 56, 58, 59, 60, 64, 70, 92, 93	Christina Simmel (Drawings, Redrawings)
그림 2, 3, 4, 6, 7, 8, 9, 24, 25, 27, 28, 29, 30, 33, 34, 37, 39, 41, 42, 43, 44, 46, 47, 48, 49, 50, 52, 53, 57, 67, 76, 77, 90, 96, 99, 100	Bilderarchiv Institut für Architekturwissenschaften, TU Wien

역자 소개

김도년_성균관대 · 프래트대(미) · 서울대

성균관대학교 건축학과/ucity 대학원 도시설계 교수. 도시설계가.

김지엽_성균관대 · 서울대, 컬럼비아대(미) · 페이스대(미)

아주대학교 건축학부와 대학원 도시개발학과 교수. 미국변호사.

손세형_성균관대 · AA스쿨(영), 킹스턴대(영)

성균관대학교 건축학과 교수. 영국왕립건축사.

이중원_성균관대 · MIT(미)

성균관대학교 건축학과 교수. iSM 건축연구소의 파트너(미국건축사, AIA).

정동섭_성균관대 · 서울대 · 서울대

호서대학교 건축학과 교수. 도시설계가.

Basics

DESIGN METHODS

건축 디자인 방법의 기초

Kari Jormakka 저

김도년 · 김지엽 · 손세형 · 이중원 · 정동섭 옮김

1판 발행 2012년 1월 31일 발행

발행인 겸 편집장 김기현

발행처 시공문화사 ***Spacetime***

등 록 1993년 3월 12일

주 소 서울시 서대문구 현저동 200 극동빌딩 5층

전 화 02) 3147-1212, 2323

전 송 02) 3147-2626

ISBN 978-89-5592-206-6

http://www.spacetime.co.kr

spacetime@korea.com

정가 9,500원